AF459156

Tb 64
197

DU MAGNÉTISME.

QU'EST-CE QUE LE MAGNÉTISME?

OU

ÉTUDE HISTORIQUE ET CRITIQUE DES PRINCIPAUX PHÉNOMÈNES QUI LE CONSTITUENT,

SUIVIE DE L'EXPLICATION RATIONNELLE QU'IL CONVIENT D'EN DONNER;

PAR

LE DOCTEUR EMILE GROMIER,

MÉDECIN DE L'HÔTEL-DIEU DE LYON,

MÉDECIN EXPERT PRÈS DES TRIBUNAUX, MEMBRE DE LA SOCIÉTÉ NATIONALE DE MÉDECINE,

EX-PRÉSIDENT DE LA SOCIÉTÉ MÉDICALE D'ÉMULATION DE LA MÊME VILLE.

LYON.

CHEZ SAVY JEUNE, LIBRAIRE,

PLACE BELLECOUR.

PARIS.

CHEZ J.-B. BAILLIÈRE, LIBRAIRE,

RUE DE L'ÉCOLE DE MÉDECINE, 17.

1850.

QU'EST-CE QUE LE MAGNÉTISME?

INTRODUCTION.

Il est peu de questions plus difficiles à aborder que celle du Magnétisme ; il n'en est aucune de plus aride, qui exige plus de travail, de patience, qui expose plus à la critique, et par conséquent qui prépare un plus grand nombre de déceptions, si l'on n'écrit que dans l'espérance de recueillir quelque succès en compensation de ses peines. Voilà ce que nous nous étions dit en commençant ce Mémoire, et ce que nous répéterons à toutes les personnes qui auront le courage d'entreprendre de semblables travaux. Nous avions à peine fait paraître nos premiers articles, que déjà nous avions recueilli les fruits amers d'une critique à outrance. Nous ne nous sommes point découragé, parce que nous avons en nous le sentiment intime que l'on ne fait jamais mal, en consacrant ses veilles et ses loisirs à l'étude sérieuse des questions les plus stériles en apparence, et que les études approfondies des questions physiologiques, éliminées à tort ou à raison des enseignements classiques, laissent toujours dans l'esprit quelques connaissances et quelques vérités que l'on ne découvre jamais sans peine et sans travail. Nous livrons à la publicité ce Mémoire sans espérance et sans

crainte; sans espérance, parce que nous n'en attendons rien; sans crainte, parce qu'il est le fruit d'une conviction profonde, non pas de cette conviction instinctive ou sentimentale qui part de l'imagination, mais de celle qui résulte des faits, et qui n'en est que la conséquence logique et rigoureuse. Dans l'étude de toutes les branches qui composent le domaine des sciences physiques ou physiologiques, il est deux questions à s'adresser ; il en est de même dans le Magnétisme.

D'abord, existe-t-il des phénomènes magnétiques, ou bien, ce que l'on désigne sous cette dénomination n'est-il que le produit d'imaginations exaltées, sans vérité réelle? — Les uns répondent : non, il n'existe rien ; les autres, tout en admettant quelque chose, y attachent une si mince importance, qu'ils jugent indigne de leur attention tout examen, toute appréciation sérieuse. Il suffit de prononcer le nom, pour exciter sur leurs lèvres un rire de pitié. — D'autres ne sont point de cet avis, et je ferai remarquer que ceux-là se trouvent précisément parmi les personnes qui se sont, de longue main, occupées de la question, reconnaissent dans le Magnétisme des phénomènes sérieux ; ces phénomènes, ils les ont observés dix, vingt, cent fois, d'abord avec surprise, avec admiration, puis avec le désir ardent de s'en rendre compte ; je suis de ce nombre. J'ai vu, j'ai produit ; je me suis demandé : ce que j'ai vu est-il possible ? j'ai revu, reproduit, et j'ai ainsi acquis la conviction de l'existence du côté phénoménal de la question. Que ceux qui doutent encore prennent la même peine, et je ne doute pas qu'ils n'arrivent à la même conclusion. Du reste, quand ils ne pourraient pas reproduire les mêmes phénomènes, je ne vois pas de quel droit ils se fonderaient à nier ce que d'autres ont vu, à récuser une puissance à laquelle ils n'ont pas pu atteindre ; en bonne logique, un fait négatif ne détruit jamais un fait affirmatif, lorsqu'il a été bien observé. —

Les faits, une fois reconnus, nous avons cherché à nous en rendre compte, nous les avons rapprochés, comparés, groupés, coordonnés, et de ce travail est résulté une théorie qui nous a permis d'en reproduire de nouveaux, de répéter, à volonté, ceux que l'on ne croyait dûs qu'au hasard. Nous avons donc lieu de penser que cette théorie est l'expression de la vérité; elle comprend tous les phénomènes qui sont parvenus à notre connaissance, et leur nombre est très-considérable. Si elle n'est pas entièrement nouvelle, personne, avant nous, ne l'avait ainsi généralisée, en l'appliquant à l'interprétation de tous les actes magnétiques. —

En quoi cette théorie diffère-t-elle donc essentiellement de celles qui l'ont précédée? Jusqu'ici, l'attention s'était principalement portée sur le sujet magnétisé, ou le somnambule. On pensait que tous ou presque tous les actes physiologiques que l'on observe en lui procédaient directement, ou bien de facultés nouvelles qui se développaient par le fait même de la magnétisation, ou d'une surexcitation de ses facultés naturelles. — Que, dans cet état, les sens pouvaient se déplacer, se remplacer l'un par l'autre, et dans l'impossibilité d'expliquer tous les actes par ces substitutions, on est allé jusqu'à avancer que l'âme se séparait du corps, et que, délivrée ainsi des entraves de la matière, c'était elle-même qui révélait directement des choses jusqu'alors inconnues. — On s'était flatté de remonter ainsi aux sources pures de la philosophie, de la morale, aux notions exactes des sciences chimiques, physiques et médicales; de pénétrer jusque dans les secrets les plus mystérieux de la vie future, et, d'après ces révélations, de fonder la seule religion qui pût convenir à la nature intime de l'homme. Vaines et trompeuses illusions! on s'est laissé éblouir par des phénomènes mal compris, parce qu'on n'a pas su en découvrir l'origine.

Nous sommes arrivé, nous, au contraire, à démontrer que si le somnambule diffère, pendant les moments de crise, de ce qu'il est dans l'état de veille, ce n'est point en vertu de facultés nouvelles qui lui adviennent, mais par suite d'une surexcitation de celles qu'il possède déjà ; surexcitation telle, qu'elle donne naissance à des phénomènes qui semblent, au premier abord, appartenir à un sens nouveau, mais qui, en réalité, ne sont que des souvenirs fécondés par une exquise sensibilité.

Cette sensibilité est poussée à ce point, que le magnétiseur peut transmettre au somnambule sa pensée tout entière , le faire agir comme un automate, c'est-à-dire traduire par des actes et des paroles ou des modifications organiques toutes les impressions qu'il veut lui faire éprouver. Il existe donc, chez le somnambule, deux sources distinctes d'inspiration : celle qu'il puise dans son propre fond, et celle que lui transmet le magnétiseur. Hors de là, nous n'avons rien pu découvrir. Ainsi, la question se trouve entièrement déplacée. Il ne s'agit plus d'étudier des facultés nouvelles dans le somnambule ; toute la question consiste exclusivement à rechercher le mode d'excitation du système nerveux , et comment, par suite de cette excitation, une pensée peut se transmettre avec toutes ses nuances intentionnelles. Est-ce par une influence diabolique ? Est-ce par une participation angélique ? Est-ce par effet du hasard ? Ces trois opinions se sont partagé les honneurs de la discussion. Nous croyons avoir démontré que le hasard, les esprits bons ou méchants n'ont rien à faire dans l'étude du Magnétisme ; que tout se réduit à des actes de volonté de la part du magnétiseur ; et qu'il n'est pas nécessaire de recourir à des explications surnaturelles pour se rendre compte des faits que l'exercice bien dirigé de nos facultés explique suffisamment. Cette transmission de pensées, cette identification, pour ainsi dire, des deux êtres, l'un actif, l'autre passif, est le fait capital. Voilà pour le mécanisme. Mais, comment se fait cette transmission ? Ceci touche à l'essence de la vie ; et, par conséquent, ne pourra jamais être expliqué d'une manière bien satisfaisante. C'est un fait que nous avons observé, reconnu, et qui ne laisse dans notre esprit aucune espèce de doute. Quant à la théorie que nous en avons donnée, on pourra l'adopter, la rejeter ou la modifier, sans changer en rien le fond de la question. Notre explication est tout organique ; mais elle n'est pas matérialiste, comme on pourrait le penser. En effet, parce que nous croyons à la participation de la matière, dans la manifestation de l'intelligence, il ne s'en suit nullement que l'intelligence soit un produit ou une sécrétion de la matière. L'âme ne peut pas plus, sans elle, manifester sa puissance, que la matière agir sans le secours de l'âme.

On nous a reproché d'avoir nié les exemples de possession. Mais on nous permettra d'établir une distinction fondamentale. Nous n'avons la pensée de nier aucun dogme. Il est des choses que l'on doit respecter, et ce n'est pas nous qui les attaquerons. Nous avons simplement examiné un exemple particulier de possession récente ; et nous avons été conduit à en donner une explication fondée sur la loi magnétique que nous établissons sans rien préjuger sur les exemples réels.

Ce travail ayant paru en plusieurs articles séparés doit nécessairement se ressentir de la rapidité de sa rédaction. Cependant, nous n'avons rien voulu y changer. C'est une improvisation que nous livrons avec toutes ses imperfections. Nous tâcherons de les faire disparaître, si l'idée qui la domine est assez bien accueillie pour nous forcer à y porter une seconde fois la main.

Lyon, 20 Juillet 1850.

QU'EST-CE QUE LE MAGNÉTISME ?

PAR

M. EMILE GROMIER,

DOCTEUR-MÉDECIN.

LYON
IMPRIMERIE DE LÉON BOITEL
Quai St-Antoine, 36

1850

QU'EST-CE QUE LE MAGNÉTISME?

Le Magnétisme est une branche de la physiologie, qui paraît avoir été cultivée dès la plus haute antiquité ; ce n'est donc point une création moderne, comme beaucoup de personnes sont portées à le croire. Mais il a été tellement rajeuni par les formes qu'on lui a données, par les applications qu'on en a faites, qu'il se présente sous un jour tout nouveau. Je ne crains pas de dire qu'il est digne du plus haut intérêt, pour tout homme qui désire plonger ses regards dans les replis les plus cachés de la vie, et se rendre un compte exact de certains phénomènes, extraordinaires en apparence, mais tout aussi naturels que d'autres actes physiologiques, dont nous sommes témoins sans admiration, parce qu'ils se présentent chaque jour à nos regards.

Je sais très-bien que cette étude est entourée d'un certain ridicule, et qu'il suffit d'y porter la main, pour passer, aux yeux de bien des gens, pour un enthousiaste, un esprit léger, quelquefois même pis encore. Mais, quand on a voué sa vie à l'étude, et parcouru sérieusement une partie des connaissances biologiques, quand on a senti tout ce qu'il manque à la perfection de leur ensemble, il est bien permis de porter au-delà ses regards, et de se demander s'il n'est pas, en dehors de la science officielle, quelques rayons peu connus qui puissent nous guider encore dans les chemins nouveaux que nous voulons parcourir. — Du reste, l'étude à laquelle nous nous livrons ici n'est point une œuvre de fantaisie, elle est sérieuse, critique ; elle nous a appris bien des choses : si vous voulez me suivre, elle vous en révèlera peut-être quelques-unes.

Lorsque l'on veut se rendre un compte exact de l'état d'une question, il est indispensable d'en étudier tous les éléments. L'homme réduit à ses propres forces arrive difficilement à une solution positive, d'abord par son impuissance ; 2° par l'exagération qu'il est porté à donner aux faits qu'il découvre ; 3° par l'interprétation prématurée qu'il est toujours tenté de leur donner. De ces trois sources d'erreurs, qui se multiplient l'une par l'autre, découle nécessairement un système incomplet. Ce système peut renfermer des notions vraies, exactes, irrécusables ; mais il n'a aucune chance de durée, parce qu'à côté de certaines vérités, il laisse à découvert une foule d'erreurs qui, bientôt mises au grand jour par de nouveaux observateurs, serviront de texte à leur argumentation, et feront détruire sans pitié tout l'édifice, sans que l'on se donne la peine de séparer le bon grain de l'ivraie.

C'est ainsi que toutes les connaissances humaines les plus positives ont été traitées à leur origine ; c'est une loi générale, à laquelle il est difficile de se soustraire. Mais lorsque ces connaissances ont pour point de départ des phénomènes qu'il n'est pas toujours facile de saisir, qui ne peuvent se produire que dans certaines conditions, dont les termes ne sont pas encore parfaitement déterminés ; lorsque surtout ces phénomènes ont été souvent convaincus d'impuissance et de charlatanisme, alors, malgré les assertions les plus positives des adeptes, malgré les preuves en apparence peremptoires, malgré toute leur assurance, qui semble ne pouvoir découler que d'une conviction profonde, leur voix crie dans le désert, on n'a vu que leurs erreurs, tant pis pour la vérité. C'est ce qui est arrivé pour le Magnétisme. Lorsque, ressuscité, dans les temps modernes, par les Paracelse, Van-Helmont, Maxwel, il eût été importé en France par Mesmer et Cagliostro, il produisit dans le monde une profonde sensation, surtout dans les classes élevées de la société, qui se cotisèrent pour acheter un secret qui devait faire le bonheur du genre humain et détrôner cette barbare science que l'on nomme Médecine.

Les esprits enthousiastes crurent sur parole, et exagérèrent encore toutes les exagérations les plus incroyables de cette branche de la physiologie, sans avoir jamais cherché à se rendre compte des phénomènes dont ils étaient témoins, et sous l'empire seul de la fascination qu'opéraient sur eux les scènes fantastiques dont ils étaient témoins. Les esprits forts, et les savants avec eux, nièrent d'une manière absolue l'existence du nouvel agent, et décrétèrent que le Magnétisme n'est qu'une grande mystification. Ce fut un fait démontré pour eux d'une manière péremptoire, et il faut avouer qu'ils eurent beau jeu pour soutenir alors leur opinion.

Mais les temps changent, les expériences se multiplient, les préventions disparaissent avec les hommes ; les questions se présentent sous un jour nouveau, la vérité se débarrasse petit à petit de tous les nuages qui obscurcissaient sa clarté, et dès que paraissent ses premiers rayons, des doutes naissent avec eux, avec le doute paraissent les études sérieuses; et la science ne tarde pas à se fonder sur les bases sérieuses de l'expérience.

Dès l'époque de Mesmer (1784) et de Deslon, le scepticisme et l'enthousiasme se livrèrent de rudes combats. Le gouvernement s'en émut, et les corps savants furent chargés d'examiner ce qu'il y avait de vrai dans l'existence d'un nouvel agent, et dans les phénomènes qu'on lui attribuait. Bailly fut chargé de rédiger un rapport, au nom de l'Académie des sciences (1784); et il arriva, ainsi que le rapporteur de l'Académie de médecine, à ces conclusions : 1° qu'il n'existe pas, dans l'homme, de fluide animal, par conséquent pas de magnétisme; que tous les phénomènes que l'on observait, et qui consistaient principalement alors dans des évacuations et des crises nerveuses, devaient être attribués à l'imagination, aux frictions, aux attouchements et à l'imitation, à l'influence de la chaleur communiquée, à l'agitation de l'air, à la transpiration insensible, et à l'usage de verres d'eau, chargés de sels purgatifs; en sorte que, tout l'art du Magnétisme se réduisait à disposer des sujets sensibles et impressionnables, à contracter des évacuations et des crises convulsives.

Le Magnétisme, comme agent spécial, fut donc mis hors de cause; aucun savant ne crut à sa réalité. — Il resta seulement démontré que l'on pouvait produire des phénomènes particuliers. Quelle en était la véritable explication? était-ce celle des Académies? était-ce celle des Magnétiseurs? — C'est ce que nous verrons plus tard; mais, dans les premiers moments de l'importation, il était impossible que l'appareil mystérieux et solennel dont s'entouraient les sectateurs, ne détournât pas l'attention des savants, et ne prévînt pas leur esprit d'une manière fâcheuse et défavorable; rien, à notre époque, ne peut nous donner une idée de la singulière mise en scène de Mesmer et de Cagliostro qui, les premiers, le firent connaître en France. Jetons donc un premier coup-d'œil sur leurs procédés et sur ceux de quelques autres magnétiseurs des premiers âges modernes.

Lorsque Cagliostro daignait donner une séance de ce qu'il appelait *ses Colombes*, il faisait venir, dans son salon, où, après un repas splendide, il avait réuni l'élite de la société, et qu'il faisait éclairer par des procédés où l'optique et la fantasmagorie jouaient un grand rôle, plusieurs petits garçons et plusieurs petites filles de 7 à 8 ans. Il choisissait, dans chaque sexe, *la colombe* qui lui paraissait montrer le plus d'intelligence; Lorenza Feliciani, sa femme, après l'avoir parfumée et parée d'une robe blanche, lui faisait boire un verre du fameux élixir vital, qui avait pour base, ainsi que celui du comte de St-Germain, les aromates et l'or, et l'introduisait, ainsi préparée à l'initiation (1).

Cagliostro apparaissait ensuite dans le costume de grand Cophte. C'était une robe de soie noire, sur laquelle se déroulaient des légendes hiéroglyphiques, brodées en rouge. Il avait une coiffure égyptienne, avec des bandelettes plissées et pendantes, après avoir encadré la tête. C e bandelettes étaient de toile d'or. Un cercle de pierreries les retenait au front. Un cordon vert émeraude, parsemé de scarabées et de caractères de toutes couleurs, en métaux ciselés, descendait en sautoir sur sa poitrine. A une ceinture de soie rouge, pendait une large épée de chevalerie, avec la poignée en croix.

On plaçait sur une petite table ronde, en ébène, la carafe de cristal ; deux valets de chambre, en costume d'esclaves égyptiens, amenaient les enfants : Cagliostro leur imposait les mains sur la tête, les yeux, la poitrine, en faisant des signes bizarres et symboliques.

Après cette première cérémonie, un des valets présentait une petite truelle d'or, sur un coussin de velours blanc : Cagliostro frappait avec le manche d'ivoire de la truelle sur la table, et faisait aux enfants les questions dont il désirait les réponses.

Les colombes regardaient dans la carafe, et donnaient les solutions. C'est la même pratique que celle du verre d'eau, genre de divination qui était surtout en vogue sous la régence du duc d'Orléans, et que celle de la coupe, qui était déjà usitée en Egypte du temps de Joseph, et d'une autre, tout aussi bizarre, qui se retrouve encore aujourd'hui au Caire, où les magnétiseurs ou harvis tracent dans la main du lucide certaines figures, puis les recouvrent d'une pâte d'encre, en prononçant de mystérieuses paroles, qui font voir, dans cette pâte, tout ce qui peut piquer la curiosité des assistants, les morts, les vivants, suivant le désir que l'on exprime.

Mesmer avait d'autres moyens pour parler à l'imagination de ses malades. Il était plein d'assurance et d'audace ; toutes ses pensées étaient traduites par un langage pittoresque, plein d'expressions germanisées, qui produisaient le plus grand effet. Il était grand musicien, jouait du piano, et touchait à ravir de l'harmonica, instrument tout nouveau alors pour beaucoup de personnes.

(1) Hoffmann.

L'hôtel Bourret, dont il avait fait son temple dans la capitale, était rempli de trépieds grecs et de caisses de fleurs, d'où s'exhalaient de doux parfums, cette première séduction des sens. Un demi-jour augmentait le mystère et faisait rêver; on se parlait à voix basse; on se regardait avec curiosité. Dans la grande salle, était une cuve en bois de chêne, de quatre à cinq pieds de diamètre, d'un pied de profondeur, fermée par un couvercle en deux pièces, et s'enchâssant dans la cuve ou *baquet*. Au fond, se plaçaient des bouteilles en rayons convergents, et de manière que le goulot se tournait vers le centre de la cuve. D'autres bouteilles partaient en sens contraire ou en rayons divergents, toutes remplies d'eau, bouchées et magnétisées. On mettait souvent plusieurs lits de bouteilles; la machine était alors *à haute pression*.

La cuve renfermait de l'eau, qui baignait les bouteilles; quelquefois, on y ajoutait du verre pilé et de la limaille de fer. Il y avait aussi des baquets à sec. Le couvercle était percé de trous pour la sortie de tringles en fer coudées, mobiles, plus ou moins longues, afin de pouvoir être dirigées et appliquées vers différentes régions du corps des malades qui s'approchaient du baquet. D'un anneau du couvercle partait une corde très-longue, dont les patients entouraient leurs membres infirmes, sans la nouer. Les malades se rapprochaient pour se toucher par les bras, les mains, les genoux et les pieds. Les plus robustes magnétiseurs tenaient une baguette de fer, dont ils touchaient les retardataires et les indociles.

Comme le baquet, les bouteilles, les tringles étaient préparés, les passions entraient bientôt en crise. Les femmes éprouvaient d'abord des bâillements; leurs yeux se fermaient; leurs jambes ne les soutenaient plus; elles étaient menacées de suffocations. En vain les sons de l'harmonica, du piano, les chœurs de voix se faisaient entendre; ces secours paraissaient accroître les convulsions des malades. Des éclats de rire sardoniques, des gémissements douloureux, des torrents de pleurs éclataient de toute part; les corps se renversaient en des mouvements tétaniques; la respiration devenait râleuse; les symptômes les plus effrayants se manifestaient. Alors, les acteurs d'une scène aussi étrange couraient au-devant les uns des autres, éperdus, délirants; ils se félicitaient, s'embrassaient avec joie ou se repoussaient avec horreur. C'était, comme on l'a dit, un enfer de convulsions. On emportait les plus fous dans la salle des crises, où les femmes battaient de leur tête les murailles ouatées, ou se roulaient sur un parquet en coussins, avec des serrements à la gorge.

Au milieu de cette foule palpitante, Mesmer se promenait en habit lilas, étendant sur les moins souffrantes une baguette magique, s'arrêtant devant les plus agitées, enfonçant ses regards dans leurs yeux, tenant leurs mains appliquées dans les siennes, avec les quatre pouces et les doigts majeurs en correspondance immédiate, pour se mettre en rapport; tantôt opérant par un mouvement à distance, avec les mains ouvertes et les doigts écartés, à grand courant; tantôt croisant et décroisant les bras avec une rapidité extraordinaire, pour les passes en définitive. Souvent le geste du magnétiseur, effleurant les articulations, tirait subitement de la malade un éclair brillant, pareil à ceux qu'on observe à la suite des journées très-chaudes. Ce phénomène frappait de terreur la cohue des femmes échevelées, qui se pressaient, haletantes, sur les pas de Mesmer; et le thaumaturge lui-même, épouvanté de sa puissance, reculait devant l'étincelle du fluide. »

Quelquefois, dit-on, il magnétisait, dans un livre, un passage, une ligne, un mot, que les femmes ne pouvaient lire sans se trouver mal.

Cependant, il ne fut pas toujours aussi heureux avec les savants et les rois; le fameux Bertholet sortit un jour furieux de chez lui, en culbutant son baquet. Il ne put parvenir à magnétiser le prince Henri de Prusse : ce qui fit dire sérieusement, à Versailles, « que les races royales étaient inaccessibles à cet agent, en raison de l'excellence de leur sang et de la nature exquise de leur organisation. »

Pour fixer le principe universel, et établir les communications qui devaient s'opérer entre divers individus, les premiers magnétiseurs usaient de procédés qui diffèrent essentiellement de ceux-ci ; il ne s'agissait pas encore de contact, de passes ou frictions; mais les moyens,pour être différents,n'en sont pas moins étranges. Pour établir les rapports du Magnétisme, ils empruntaient au sujet qui devait être soumis à l'action de cet agent, tantôt une partie liquide, tantôt une partie solide de son corps : c'étaient l'urine, le sang, les excréments, le pus sorti d'une plaie; c'étaient la chair, les ongles, les cheveux. Ils croyaient que tant que ces parties n'étaient pas en état de putréfaction, elles restaient unies par le lien d'une vie commune, avec l'individu même qui les avait fournies, et ce lien, c'était le fluide universel. Il suffisait donc d'agir sur l'une de ces parties, pour l'impressionner suivant la volonté, sans contact, et malgré les distances. On crut sérieusement qu'un lambeau de chair, séparé du corps, continuait à vivre, et que toutes les impressions ou changements qu'on lui faisait éprouver se transmettaient au même instant à l'individu auquel il appartenait et qui les ressentait. — Le même système s'étendit à la nature entière, et l'on vit naître le grand art de nuire par les excréments, l'art des fascinations, l'art de faire revivre par les cendres les substances qui les avaient fournies.

Un fait singulier avait donné naissance à cette opinion. Un homme de Bruxelles, s'étant fait faire un nez artificiel; au moyen d'un lambeau emprunté au bras d'un crocheteur de Boulogne, s'en retourna chez lui, et vécut en parfaite santé ; tout-à-coup le nez pâlit, pourrit et tombe ; la surprise est extrême, mais on apprend bientôt que le crocheteur est mort à la même heure. On ne tarda pas à généraliser cette idée, et l'on vit naître la lampe de vie, dont la flamme s'éteignait ou s'affaiblissait, en cas de mort ou de maladie ; le sel de sang, dont la couleur changeait et se ternissait dans les mêmes circonstances.

Des faits aussi extraordinaires devaient nécessairement conduire à des applications pratiques ; ce furent les Telungiarii qui se chargèrent d'en appliquer les principes à la médecine. Elle devint alors d'une simplicité admirable ; et la facilité avec laquelle les malades subissaient leurs traitements, doit faire regretter cette époque aux partisans même des globules infinitésimaux de l'homœopathie. — La poudre de sympathie, du chevalier Digby, chancelier du roi d'Angleterre, et l'onguent armarium en faisaient tous les frais. Pour obtenir une guérison, la présence des malades était tout-à-fait inutile. En recouvrant de la poudre de sympathie un linge imbibé du sang d'une blessure ou du pus d'une plaie, ou bien encore, chose admirable ! en enduisant de l'onguent merveilleux la lame de l'instrument qui avait fait une blessure et qui restait teinte de sang, on guérissait à de très-grandes distances, et d'une manière beaucoup plus sûre et plus salutaire que par les moyens ordinaires.

C'était le traitement magnétique et sympathique des blessures. Burgravius en fut le père, en 1629. Mais cette idée fut surtout développée par Paracelse, en 1679, et par Kircher.

Abandonnons ces idées, dont le règne est passé, pour retrouver deux fameux magnétiseurs dont les procédés se rapprochent davantage de ceux que l'on emploie encore aujourd'hui, et qui surent, avec un art admirable, chacun suivant sa position, multiplier la force de leur puissance magnétique, au moyen de formes dont nous retrouverions, encore aujourd'hui, très-facilement des exemples.

Tous les deux firent un grand usage des passes et des attouchements : ce sont Valentin Greatrakes, fameux en Irlande et en Angleterre, et Gassner, connu sous le nom de chanoine de Ratisbonne.

Greatrakes crut un jour entendre la voix d'un génie, qui lui dit : Je te donne la faculté de guérir. Il était d'un extérieur simple, ne s'entourait d'aucun appareil imposant, mais il rapportait chacun de ses succès à Dieu, qu'il bénissait, en exhortant ses malades à en faire autant. Il faisait un usage particulier et très-étendu du toucher : le mal fuyait devant sa main ; il pouvait le déplacer, en le portant sur des parties moins utiles ; s'il s'arrêtait dans quelques parties, il redoublait ses frictions, et déterminait souvent des crises par des évacuations, des sueurs ou des vomissements.

1774. Gassner était, dans sa jeunesse, d'une mauvaise santé, et lisait beaucoup d'ouvrages de médecine. Il lui vint un jour à l'esprit qu'il pouvait être possédé par le diable, et il en acquit la preuve, en le chassant au nom de Jésus-Christ, et en recouvrant la santé. Dès-lors, il se livra à la médecine, et établit deux groupes de maladies : les maladies naturelles, qui sont rares, et les maladies démoniaques, qui sont les plus communes. Il opérait ses guérisons au nom de Jésus-Christ, et, par la foi des malades, en son nom ; sans la foi, point de guérison possible. Mais, en même temps, il ne négligeait pas d'employer un certain appareil et de parler aux sens. A son côté droit, il plaçait un crucifix ; son côté gauche était tourné vers la fenêtre, la face vers les assistants. Il portait à son col une étole de couleur rouge et une croix suspendue par une chaîne d'argent ; une ceinture noire entourait ses reins. Il faisait mettre le malade à genoux devant lui, lui imposait les mains, et frottait vivement la tête et la nuque, après avoir passé ses mains sur son étole et son mouchoir ; il plaçait ensuite l'extrémité de son étole sur les parties affectées, touchait la partie malade, et ordonnait à la douleur de disparaître. Mais il ne se contentait pas de ces moyens ; il avait soin d'envoyer tous ses malades guéris ou miraculés à une pharmacie, pour y acheter, à un prix convenu, du baume ou de l'huile, des médicaments spiritueux, différentes espèces d'eau et de poudre, ou de petits anneaux, sur lesquels était écrit le nom de Jésus-Christ.

Comme Greatrakes, il ne s'adressait qu'aux maladies nerveuses, et ses succès ne furent pas très-brillants. Il faut avouer, cependant, qu'il devait être admirablement servi par une superstition très-répandue alors en Allemagne, celle des démons et des mauvais esprits, superstition qui avait pris, quelques années auparavant, une telle extension, que l'impératrice fit traiter quelques démoniaques, dans les hôpitaux, par de Haen, qui reconnut que ces cas étaient simulés, ce qui servit à calmer les esprits jusqu'au moment où Gassner les surexcita de nouveau. On reconnaît, dans toutes ces pratiques, l'école de Goclénius.

Vous voyez combien ils s'éloignèrent des idées même de Paracelse, qui recommande expressément, dans sa philosophie occulte, de n'employer aucune espèce de préparation ni de cérémonie, les regardant comme abusives et dénuées de raison.

Plus sage que tous ses successeurs, Paracelse eut soin de faire remarquer que les esprits, les enchantements n'interviennent en rien dans le Magnétisme, qui ne reconnaît pour cause que la prière, la foi et l'imagination.

Le chevalier de Barbarin, homme mystique et très-pieux, supprima, à son exemple, tous les procédés, et prétendit qu'il suffisait de la foi pour opérer des prodiges. — Ceux qui adoptèrent ses opinions se mettaient en prières autour du lit du malade, qui souvent obtenait sa guérison. Cette méthode, très-simple et louable, a cependant les plus grands inconvénients ; elle produit presque toujours des somnambules extatiques, qui se croient inspirés. Cela peut propager des erreurs, et déranger l'imagination non seulement des crisiaques, mais encore de ceux qui les consultent. — Souvenez-vous donc des idées singulières des somnambules de Suède !

De cette exposition, ressortent pour nous deux faits essentiels ; c'est que tous ces grands magnétiseurs 1° connaissaient parfaitement l'esprit humain; 2° qu'ils surent admirablement l'exploiter, au profit de l'art mystérieux, dont ils s'étaient fait les apôtres. Voulez-vous, dit Thouret, faire des hommes ce que vous voudrez ? Venez à bout de les persuader. Pour y parvenir, servez-vous de leur penchant pour le merveilleux : ajoutez-y la séduction de l'intérêt ; et les esprits que vous aurez frappés par de grandes vues, et gagnés par de grandes promesses, seront entièrement à votre disposition.

Pouvait-on parler plus vivement à cet instinct du merveilleux, qu'en invoquant la puissance de Dieu, et en faisant procéder, comme Greatrakes, son pouvoir magnétique d'un génie révélateur, et, comme Gassner, d'une puissance qui triomphe du démon ? Pouvait-on parler plus éloquemment à l'imagination de pauvres patients, affectés, pour la plupart, de maladies nerveuses, et la préparer plus habilement à la séduction de l'intérêt, qu'en faisant naître dans leur esprit l'espoir d'une guérison prochaine, par des moyens simples, rapides, et tout différents de ceux qu'emploie la médecine ? Car, il ne faut pas l'oublier, la prétention fondamentale du Magnétisme a toujours été, comme elle l'est encore aujourd'hui, de se substituer absolument à la médecine, et de proclamer cet absurde principe : il n'y a qu'une seule maladie, et le Magnétisme seul peut la guérir.

Aussi, ne doit-on pas s'étonner si, aux différentes époques où ces idées se firent jour, les hommes les plus sérieux, ceux qui, par la nature de leurs connaissances, étaient le plus propres à ramener les esprits dans la voie d'une saine observation, s'élevèrent avec une puissance irrésistible contre toutes ces exagérations. Citerai-je Vandale, de Duncam, de Hecquet, de Haën, Rabelais, Thouret, Bailly, Vick d'Azir, Dubois, etc. ?

Si l'exposition avait été audacieuse, la réfutation fut impitoyable. L'affirmation fut remplacée par la négation la plus absolue ; en sorte, qu'après avoir parcouru et médité ces différents auteurs, on est à se demander si le Magnétisme est vraiment quelque chose, ou bien si ce n'est qu'une de ces mystifications honteuses que nous sommes destinés à subir de temps en temps, et dont nous restons les jouets, jusqu'à ce que des esprits sévères nous en aient démontré l'absurdité et le néant.

De nos jours, le Magnétisme a changé d'allure. Il a simplifié ses procédés, autant qu'il est possible de le faire, mais il n'a rien diminué de ses prétentions, bien loin de là. Mais, en même temps, les phénomènes qui se produisent par son moyen se sont multipliés ; les magnétiseurs ont voulu les faire reconnaître comme faits scientifiques, en les faisant constater d'une manière officielle par les corps savants, chargés de donner la direction aux esprits. — Des expériences nombreuses ont été entreprises, des commissions se sont formées, les faits ont été examinés, scrutés, disséqués ; et presque tous ces travaux ont abouti à des conclusions négatives, au point de vue des faits eux-mêmes, que l'on n'a pu reproduire en leur présence, et de l'interprétation que les commissaires leur ont donnée. Les conclusions qu'ils ont formulées ont été très-funestes aux progrès du Magnétisme, parce que l'on n'a pas réfléchi, de part et d'autre, qu'ils n'avaient pas conclu contre les faits en général, mais contre ceux seulement qui avaient été soumis à leur appréciation.

A l'époque de Mesmer, on avait à déblayer la question des faits, du charlatanisme, dont ils s'étaient entourés, de toutes les erreurs qui appartenaient à la théorie, inacceptable sous bien des rapports. On avait à examiner un phénomène presque nouveau ; et, au lieu de rechercher si c'était une conquête pour la physiologie, on s'est contenté de dire qu'il était contraire aux lois physiologiques actuelles. Au milieu de ces complications, l'esprit peut facilement s'égarer, et la vérité disparaître, sans que l'on soit en droit d'en rejeter la faute sur les rapporteurs, qui n'ont été que conséquents avec les faits incomplets qu'on a soumis à leur observation. Le seul reproche sérieux qu'on puisse adresser à quelques commissaires, c'est d'avoir formulé d'une manière trop générale des conclusions qui ne devaient être que partielles et relatives.

Ce reproche est loin de pouvoir être adressé à tous les membres des Académies ; quelques-uns n'ont exprimé que des doutes. Et, quand tous auraient été opposés au Magnétisme, cette erreur involontaire pourrait facilement être excusée par la manière dont ils ont été obligés de procéder. Le Magnétisme n'est point une de ces questions que l'on puisse étudier dans des expériences publiques ; il faut indispensablement se livrer personnellement à des études particulières et multipliées, pour arriver à une conviction soit négative, soit affirmative. D'ailleurs, les faits qu'on a voulu leur soumettre ont été présentés avec un esprit tellement prévenu et peu philosophique, qu'il faudrait beaucoup plus s'étonner qu'on fût arrivé à les convaincre, qu'à leur inspirer ce doute logique, pour ne pas dire plus, dans lequel ils ont eu le bon esprit de se renfermer, en attendant que des faits nouveaux et mieux présentés les forcent à sortir de leur réserve.

Il est impossible, d'un autre côté, de suspecter la bonne foi de tous les magnétiseurs, et de supposer que tous n'ont été que des jongleurs, se faisant un jeu de la crédulité publique, et qu'ils nous ont sciemment induits en erreur, en faisant croire à des phénomènes qui n'avaient d'autre base que le jeu de leur imagination et les hallucinations de leur esprit.

Non, il y a quelque chose d'essentiellement vrai dans le Magnétisme ; et, si les commissaires de l'Académie des Sciences ne l'ont pas reconnu d'une manière explicite, ils n'ont pu, cependant, se soustraire à l'évidence de certains phénomènes. Ils ont nié l'existence du fluide magnétique, parce qu'il ne peut tomber sous les sens, et ils ont eu raison. Tous les effets qu'on lui attribue ont été rapportés aux attouchements, aux frictions, à la chaleur communiquée, à l'agitation de l'air, à l'émission de la transpiration insensible, à l'imagination ; en sorte que, ce que l'on appelle Magnétisme se réduit, pour eux, à l'art de disposer des sujets sensibles à des mouvements convulsifs et à des évacuations, par une cause déterminante et immédiate, sans qu'il soit besoin d'avoir recours à un agent nouveau, dont on a gratuitement supposé l'existence.

A l'époque de Mesmer, et, dès-lors, les crises convulsives et les évacuations ont été reconnues pour vraies. Ce sont ces crises qui ont fait vivre alors le Magnétisme et croire à son existence ; l'interprétation a été changée, mais elle reste comme un fait. La théorie a disparu avec les appareils ; mais on a reconnu un art, un art particulier, et cet art, malgré toutes les oppositions, est arrivé jusqu'à nous, et se transmettra à d'autres générations.

Avec le baquet, ont cessé les convulsions ; mais une phase nouvelle ne tarda pas à paraître. Ce fut M. de Puysegur qui l'inaugura, en faisant connaître les phénomènes du Somnambulisme. Alors, les imaginations se montèrent à un point extraordinaire ; les magnétiseurs ne connurent plus de limites au possible ; toutes les lois physiologiques furent impitoyablement immolées : l'œil, désormais, devient inutile ; ce n'est plus lui qui est l'organe de la vision ; on voit par la nuque, l'estomac, le talon ; on lit sans le secours des yeux ; on lit dans une boîte, on voit à distance ; on savoure par le creux de l'estomac : c'est là que l'on sent, goûte et entend.

Les facultés naturelles du somnambule croissent dans une proportion illimitée ; d'autres facultés nouvelles naissent comme par enchantement. Par l'intuition, « le somnambule assiste à l'accomplissement de toutes ses fonctions organiques ; il découvre le plus imperceptible désordre, la plus fugitive altération ; il n'est pas d'affections si légères ou si latentes, que son œil ne pénètre ; puis, de tout cela, il se fait une idée nette, rigoureuse, mathématique. *Il dirait, par exemple, combien il y a de cuillerées de sang dans son cœur ; combien il lui faudrait de gouttes d'eau pour apaiser sa soif* ; et toutes ses évaluations sont d'une incompréhensible exactitude ; le temps, l'espace, les forces de toute la nature, la résistance et la pesanteur des objets, sa pensée, ou plutôt son instinct, mesure, calcule, apprécie toutes ces choses en un clin-d'œil (Teste, *Manuel pratique*, page III.). »

Par la prévision intérieure et extérieure, il prévoit toutes les modifications qui doivent survenir dans son organisme, tous les événements auxquels son existence se trouvera mêlée, mais dont la cause ne saurait avoir avec elle aucune espèce de relation explicable (*id.* page 121). Cette prévision ne s'étendra pas seulement au somnambule lui-même : il saura lire dans le corps des malades avec lesquels on le mettra en rapport ; et, lorsqu'il aura reconnu sa maladie ou les leurs, par un instinct sublime, il trouvera la substance qui convient pour se guérir, et les formules qui peuvent les rendre à la santé. Souvent, avant que vous ayez eu le temps de formuler votre pensée, il l'aura comprise et y répondra. Il lira jusque dans le fond de votre cœur ; il comprendra tout ce que vous voudrez lui dire, tout ce que vous voudrez qu'il comprenne, entende ou sente.

Cette identification est si parfaite, que M. le docteur Charpignon assure que quelquefois, lorsque le magnétiseur se mouche, qu'il tousse, le somnambule répète ces actes ; s'il prend du tabac, il éternue ; qu'on le pique, qu'on le brûle, le somnambule ressent, aux mêmes endroits, les mêmes douleurs. (p. 73).

Au moyen de l'attraction magnétique, le magnétiseur attire, suivant sa volonté, un membre, ou la totalité du corps de son sujet ; il lui fait prendre les positions les plus bizarres, se fait suivre, détermine la chûte du corps en avant, en arrière, par côté, dans toutes les positions qu'il désire.

Enfin, suivant certains magnétiseurs, le somnambule peut découvrir les vérités célestes primordiales, tous les mystères de l'existence de Dieu, des anges, de la vie future et de la vie passée de l'homme, et acquérir aussi des notions que rien ne pourrait jamais lui révéler. Il peut rappeler sur la terre l'âme des personnes qui lui sont chères, leur demander des conseils, en recevoir des réponses ; évoquer tous les grands hommes, et apprendre d'eux les secrets les plus intimes de leur science ; apprendre s'ils sont heureux, s'ils souffrent, et si la vie à laquelle ils participent est digne d'envie et doit nous faire désirer d'aller bientôt nous réunir à eux.

L'âme du défunt, dégagée de la matière, descend alors des cieux, pour répondre à votre demande, comme celle de la lucide s'échappe de son corps, pour se transporter vers les lieux éloignés dont elle vous décrit tous les aspects divers.

Il y en a qui poussent la foi jusqu'à affirmer que les esprits peuvent venir nous voir sur terre, sous une apparence matérielle ; que ces mêmes esprits peuvent voir, toucher, nous apporter, dans certaines circonstances, des objets matériels ; enfin, que l'homme matériel peut se rendre invisible. N'est-ce pas le cas de dire, avec le président Dupaty : « entre des hommes qui disent telle chose est, et la nature qui dit telle chose n'est pas, il faut en croire la nature.

Le magnétiseur pourrait aussi communiquer son fluide à plusieurs objets, tels que l'eau, la laine, le coton, des plaques de verre, etc., des arbres, et ces objets seraient capables de produire des effets analogues à ceux qu'il produit lui-même.

Voici, en quelques mots, l'état actuel et les prétentions de la science magnétique. En présence d'un semblable programme, on a besoin de se recueillir, car le merveilleux dépasse tout ce qu'on a pu rêver ; l'incroyable touche à l'absurde. Mais incroyable, absurde ou vraie, la question mérite bien qu'on l'étudie ; étudions donc et voyons si, avec le secours de l'expérimentation, c'est-à-dire de l'étude rigoureuse des faits, des rapprochements, des déductions sévères et logiques, nous pourrons parvenir à élucider quelques points, à donner quelques explications satisfaisantes, à faire entrevoir le lien qui unit tous ces phénomènes, et finalement à débrouiller cette question si complexe, en la présentant sous une forme simple, qui nous permettra de comprendre comment quelques-uns de ces phénomènes peuvent se produire, pourquoi ils se produisent, et la marche qu'il faut suivre, lorsqu'on veut les vérifier.

EXTRAIT DE LA REVUE DE LYON.

1er Avril 1850.

QU'EST-CE QUE LE MAGNÉTISME?

(SUITE).

Pour produire les phénomènes magnétiques, on emploie deux ordres de moyens : des gestes et des attouchements, ce qui constitue les procédés physiques, les signes extérieurs ; — ces procédés varient à l'infini, suivant les habitudes des différents magnétiseurs, et les phénomènes qu'ils veulent produire. Ainsi, tandis que les uns attachent une grande importance aux passes et au contact de la main sur la tête, les épaules, les genoux, les autres, au contraire, sont extrêmement sobres de gestes, et n'établissent de rapport qu'en saisissant très-doucement la main, qu'ils conservent quelques instants dans la leur ; presque tous se servent de la puissance du regard, auquel ils donnent une expression particulière : quelques-uns même le poussent jusqu'à lui donner un caractère ridiculement exagéré. Enfin, quelques-uns prétendent qu'il n'est indispensable d'employer ni passes, ni contact, ni regard, et que la puissance seule de la volonté, lorsque le sujet veut bien se soumettre à l'expérience, est capable de produire les mêmes effets que ceux qu'on obtient par les procédés les plus compliqués.

Il est à remarquer, en effet, que les magnétiseurs qui font le plus de gestes, recommandent en même temps de concentrer son attention uniquement sur le but que l'on veut atteindre, et qu'ils considèrent tous les autres moyens comme des auxiliaires capables de captiver entièrement la pensée, sans lui permettre de faire des excursions en dehors de l'action magnétique.

On serait donc porté à penser qu'ils sont parfaitement inutiles, toutes les fois que le magnétiseur est assez maître de lui-même pour s'isoler entièrement du monde extérieur, et ne vouloir qu'une seule et unique chose, la production des phénomènes qu'il désire.

Il y a peut-être de l'exagération dans cette manière de voir, surtout lorsque l'on veut magnétiser pour la première fois. Mais lorsque les rapports ont été établis, et que plusieurs fois déjà on a produit le som-

meil, il est certain que l'influence seule de la volonté et l'imagination du sujet soumis à l'expérience sont capables de produire, dans le système nerveux, une perturbation telle, que le même phénomène ne tarderait pas à se produire.

Quant au regard, il est incontestable que, chez quelques personnes, il a une puissance extrême, et qu'à lui seul, il détermine de singuliers effets. Cependant, on s'abuserait étrangement, si l'on pensait qu'il est toujours indispensable, et que c'est en lui que réside la principale puissance magnétique. Suivant les diverses organisations, le mode de sensibilité varie à l'infini ; dans l'une, sa domination s'établira par le regard ; ici, ce sera le contact d'une main ; là, ce sera la pensée seule et l'imagination : quelques sujets enfin tomberont dans l'état magnétique complet, par cela seulement qu'ils verront agir sur un autre, ou qu'ils croiront que l'influence s'étend jusque sur eux.

Si, d'un autre côté, les magnétiseurs avaient tous au même degré les mêmes facultés magnétiques, les procédés pourraient être ramenés à un mode unique et déterminé ; mais, quand on réfléchit aux différences qui existent entre eux, sous le rapport physique et moral, on comprend facilement que, suivant leur nature spéciale, les moyens qu'ils emploient doivent varier à l'infini et donner naissance à une foule de pratiques plus ou moins bizarres et singulières, qui conduisent nécessairement à des résultats divers, et qu'il est impossible de préciser d'une manière exacte et rigoureuse. Tout ce que l'on peut dire avec quelque certitude, c'est qu'il faut tenir compte de l'organisation des deux êtres qui se trouvent en présence, et des phénomènes que l'on veut susciter.

Si donc, pour quelques magnétiseurs, les gestes, les contacts, les regards paraissent indispensables ; si, pour quelques autres, ils sont utiles dans quelques cas donnés ; enfin, si quelques-uns peuvent entièrement s'en passer, et ne les considèrent que comme un appareil superflu, ils ne constituent donc pas l'essence des procédés magnétiques, et nous devons rechercher ailleurs la cause des modifications profondes que l'on arrive certainement à produire.

Cette cause est unique, absolue, indispensable ; c'est l'influence de a volonté, et l'influence seule de la volonté. Sous son empire, il se fait, dans le système nerveux, une perturbation inexplicable qui conduit au sommeil, ou plutôt à un état morbide passager, qui présente avec lui certaines analogies ; ce sommeil revêt une forme particulière, et ne tarde pas à donner naissance, lorsque l'on sait en tirer un parti convénable, à une série d'actes physiologiques, qui paraissent surnaturels, au premier abord, mais qui n'ont rien de plus merveilleux que ceux que nous rencontrons chaque jour dans plusieurs maladies vulgaires. Tous les autres moyens que l'on emploie de concert avec la volonté, ne servent à autre chose qu'à concentrer plus fortement son action sur un organe, ou souvent à l'influencer d'une manière spéciale.

Mais il faut vouloir de cette volonté de fer, qui agit sans violence, mais que rien ne peut distraire, douce, calme, incessante ; il faut vouloir avec un but déterminé, vouloir toujours, sans l'ombre de doute sur sa puissance. Si l'on a dit : vouloir c'est pouvoir, jamais proverbe n'a trouvé une plus juste application ; oui, le vouloir est tout, c'est l'arme la plus puissante que la Providence ait placée dans nos mains : et, si l'on réfléchit aux grandes et sublimes choses dont il a été l'origine, chez les hommes si rares qui en sont doués à un point éminent, on comprendra facilement comment celui qui le possède et qui le met en jeu parvient à dominer un être plus faible que lui, et qui se soumet passivement à sa fascination.

Par le geste, le contact, le regard, la puissance magnétique peut s'établir, en excitant et réveillant les sens ; elle peut s'établir sous forme de commotion électrique, qui anéantit, comme la foudre, toute l'énergie vitale, ou bien comme une douce vapeur, qui gagne insensiblement jusqu'aux dernières fibres de la vie, et vous plonge dans cette douce langueur, qui n'est plus la veille, et qui diffère cependant de l'oubli profond du sommeil. Mais ce n'est point encore cette sensation puissante, qui vous pénètre de toutes parts, cet envahissement qui accompagne l'action seule et puissante de la volonté, comme une irradiation d'une force irrésistible qui subjugue avec un charme infini, et à laquelle il est doux de céder, parce que son joug est adouci par le prestige de la supériorité et la mansuétude de la domination.

C'est dire, en peu de mots, que tous les hommes ne sont pas capables de produire de semblables résultats ; vous donc qui n'avez ni la volonté, ni la constance, abstenez-vous de juger la question : vous êtes aussi incapable de la comprendre par vous-même, que vous le serez de sentir l'harmonie, si vous n'avez ni l'oreille, ni l'instinct musical.

On a divisé les actes magnétiques en trois grandes classes, suivant la nature des phénomènes qui se produisent :

1° Tantôt ce sont de simples sensations physiques ou morales, suivies ou non d'un sommeil naturel, ou de catalepsie ;

2° Tantôt le sommeil revêt la forme du Somnambulisme : les sujets peuvent sentir très-vivement, ou devenir insensibles, parler, agir, sans conserver le moindre souvenir ;

3° Tantôt enfin, arrive l'extase, dans laquelle on range le don des langues, la vision, sans le secours des yeux, ou transposition des sens, la vision à distance, les communications spirituelles, l'extase spontanée, les crises nerveuses, l'instinct des médicaments, l'intuition, la prévision intérieure et extérieure, la prédestination, les apparitions, etc.

Cette classification peut être bonne, si l'on tient à séparer artificiellement des phénomènes d'une nature diverse ; mais, dans le fond, elle est entièrement arbitraire, et ne repose sur aucune donnée rationnelle. Tous ces phénomènes sont tellement enchaînés l'un à l'autre, qu'ils font partie intégrante d'une unité indivisible, et ne constituent que des degrés qu'il est facile de parcourir dans une seule séance et sur un même sujet.

Je me suis convaincu, par une foule d'expériences, que, dès l'instant que le magnétiseur est en rapport avec son sujet, la communication s'établit de telle sorte, qu'elle est pour ainsi dire instantanée. — Il peut agir sur l'organe qu'il désire, que cet organe appartienne à la vie organique ou à la vie de relation ; il peut agir sur le cerveau, la moëlle ou les nerfs, et transmettre ainsi son action sur toutes les fonctions intellectuelles, instinctives ou morales, sur tous les actes qui appartiennent à la sensibilité et à la motilité, sur toutes les fonctions qui ne dépendent que d'une manière indirecte du cerveau et de la moëlle, et qui vivent sous la dépendance des nerfs de la vie organique. La seule différence capitale qui existe entre ce premier degré et les deux suivants, c'est que le malade conserve la conscience de ce qui se passe en lui, peut réagir contre les sensations qui viennent l'assaillir, ou s'abandonner, en pleine liberté, à leur charme et à leur entraînement.

Si l'action continue, sa force se fait sentir de plus en plus, et finit par dominer, à tel point, l'organisme tout entier, que la liberté, cédant insensiblement à cette puissance supérieure, faiblit, s'endort, et disparaît, sans qu'il lui soit possible de résister au torrent qui l'entraîne. Vous pouvez entendre et sentir, comprendre tout ce qui se passe en vous, autour de vous, vous vivez tout entier en un mot, mais vous vivez sans volonté. Vous sentirez le bien et le mal ; mais, comme vous êtes incapable de faire le bien, vous êtes impuissant de résister au mal. J'insiste sur cet état qui, pour moi, est parfaitement défini, parce qu'il fait comprendre la moralité du Magnétisme ; j'y insiste d'autant plus, que si je me suis attaché à étudier à fond cette question, c'est dans un but essentiellement scientifique, avec l'intention arrêtée de ne dissimuler aucune des vérités que j'aurai pu découvrir, et de les livrer, dans toute leur naïveté, à l'intelligence de mes lecteurs, qui ne manqueront pas d'en tirer les conséquences qui en découlent.

Dans cet état, suivant la volonté du magnétiseur, le souvenir peut encore persister au réveil ; mais, si le sommeil se prolonge quelque temps encore, le souvenir ne tarde pas à s'éteindre comme la liberté ; le monde extérieur aura disparu. Vous n'entendrez plus ce qui se passe autour de vous, vous ne verrez plus, vous ne sentirez plus, vous serez seul, soumis à celui qui vous opprime, et vous y serez soumis, privé de votre liberté, sans le souvenir au réveil, sans la conscience de vos actes.

Ici se présentent deux ordres de phénomènes dignes de fixer l'attention des philosophes et des physiologistes.

J'ai dit que le somnambule était entièrement privé de sa liberté : j'aurais dû peut-être m'exprimer autrement, en disant que cette liberté devenait incapable de résister à celle du magnétiseur ; il sent en lui ce combat intérieur, il vous l'exprime, et vous fait comprendre l'instant où il s'abîme dans sa défaite.

Mais, si le magnétiseur, une fois qu'il a produit le sommeil, ne veut plus faire usage de sa puissance, le somnambule rentre pleinement en possession de toute son individualité. Seulement, son système nerveux se trouve soumis à une modification spéciale, qui fait naître en lui une manière de sentir toute particulière.

Il faut donc faire immédiatement la séparation des phénomènes qui appartiennent en propre au somnambule, de ceux qui se trouvent sous la dépendance de la volonté du magnétiseur. Sans cette division, tout reste confus et incertain ; avec elle, tout va prendre une signification qui nous permettra de comprendre tous les faits accessibles à notre intelligence.

Une première observation que je crois indispensable de présenter ici, c'est que l'état magnétique, en général, offre la plus grande analogie, pour ne pas dire une identité parfaite, avec ce que l'on observe dans certaines maladies nerveuses, telles que l'hystérie, la catalepsie, peut-être même l'épilepsie, et, dans les rêves ; je ne parle point des symptômes extérieurs, tels que les mouvements convulsifs, mais de l'état mental qui accompagne ces maladies. — La catalepsie offre une ressemblance parfaite sous tous les rapports ; mais, ce qui me confirmerait dans l'idée que j'émets ici pour la première fois, c'est que l'on peut déterminer artificiellement, chez le somnambule, les mêmes mouvements convulsifs que dans l'hystérie et l'épilepsie. Il suffit de le vouloir.

Un fait qui est beaucoup plus important, c'est que ces trois états morbides s'accompagnent d'hallucinations, et que le somnambule, livré à lui-même, ne tarde pas à en éprouver ; c'est que le magnétiseur peut transmettre sa pensée au somnambule, et qu'il peut très-certainement la communiquer à l'hystérique, au cataleptique, je n'oserais pas dire encore à l'épileptique ; mais les faits que j'ai observés, et la théorie me conduisent à penser qu'il en doit être de même pour cette dernière maladie. Voici comment je suis arrivé à découvrir cette précieuse analogie. Un jour, je fus appelé près d'une dame qui était en proie à une crise hystérique qui durait depuis deux heures. — Je la trouvai sans connaissance, ne répondant à aucune question, indifférente à tout ce qui l'entourait, se livrant de temps en temps à des mouvements cloniques désordonnés, criant, par intervalle, d'une voix particulière, portant la main à son cou, comme pour arracher quelque chose qui la privait de sa respiration. Après avoir employé les moyens vulgaires, et m'être enquis des causes de la crise, j'eus l'idée d'en agir avec elle, comme avec une somnambule dont on veut faire cesser les mouvements convulsifs. Quelques minutes après, sous l'empire seul de ma volonté, la crise avait cessé, et la connaissance était revenue tout entière. Guidé par cette première observation, par cette notion certaine que l'hystérie s'accompagne très-souvent d'hallucinations, et que, suivant la nature de l'hallucination, la crise revêt une forme particulière, et que la cause qui a déterminé l'explosion de la maladie peut mettre sur la voie de l'hallucination qui domine dans le moment, j'ai, depuis cette époque, fait cesser plusieurs crises presqu'à l'instant, en substituant une nouvelle série d'idées à celles qui provoquaient les principaux désordres. Je pourrais, à ce sujet, raconter les scènes les plus merveilleuses ; mais la nature de ce travail ne comporte pas de plus longs développements. Il me suffit d'avoir cherché à démontrer l'analogie qui existe entre le Somnambulisme et quelques maladies naturelles, pour démontrer que les phénomènes que l'on accepte dans un cas, comme naturels, peuvent parfaitement exister dans un cas analogue, provoqué d'une manière artificielle.

Qui ne connaît les hallucinations du cauchemar et du rêve ? Rappellerai-je celles qui ont lieu dans l'épilepsie, avant que le malade perde connaissance ? Elles ont presque toujours rapport à des objets terribles : les uns se croient au milieu des flammes qui vont les embrâser ; ils voient des corps noirs qui s'étendent, deviennent immenses, et les menacent d'être enveloppés dans des ténèbres. Ils entendent les éclats de la foudre, le bruit des armes et des combats ; ils sentent les odeurs les plus fétides ; il leur semble qu'on les frappe, et toutes ces hallucinations leur inspirent la plus grande frayeur. Peut-être est-ce ce sentiment, ajoute M. Esquiros, qui imprime sur la physionomie ce caractère d'effroi et d'indignation qui accompagne l'accès.

Dans l'hystérie, les pleurs, les sanglots, les rires immodérés et incoercibles, les mouvements désordonnés, et l'expression de la figure se rapportent presque toujours aux sensations éprouvées par les malades, et aux visions qui leur apparaissent.

Une dame de ma connaissance, dans son dernier accès, riait aux éclats, en croyant voir sa sœur marcher sur ses mains ; une autre fois, c'était en se moquant de ses médecins qui, disait-elle, ne connaissent rien à la cause de son mal. Une autre, dans un accès terrible, sentait la mort qui venait saisir les êtres les plus chers à son cœur.

La plupart des cataleptiques revenus de leurs extases racontent les joies ineffables qu'ils ont éprouvées, les visions divines, les unions angéliques dont ils ont été témoins. Plusieurs semblent prédire l'avenir et imiter les devins. — Cet état se remarque surtout chez les personnes ferventes, adonnées au jeûne, à la prière, habituées à la privation du sommeil, à une vie ascétique et contemplative, et l'on peut, jusqu'à un certain point, le reproduire à volonté, en exagérant ces pratiques.

Eh bien ! tous ces désordres nerveux, qui sont le résultat de la maladie, peuvent se reproduire avec une similitude parfaite, dans l'état magnétique. Laissez marcher l'imagination du somnambule au gré de ses désirs, et vous ne tarderez pas à voir naître en lui des rêves particuliers et toujours appropriés à sa nature, à ses habitudes, à la disposition actuelle de son esprit : son rêve sera ou joyeux ou pénible. L'hallucination pourra se produire avec l'apparence de la réalité parfaite ; le somnambule pourra tomber dans l'insensibilité générale ou partielle, comme dans l'épilepsie ou la catalepsie ; en raison de cette insensibilité, c'est-à-dire du défaut d'excitation incessante provenant du dehors, son esprit pourra se concentrer en lui-même, sans être jamais distrait par de nouvelles excitations. Alors, sa mémoire acquerra un degré de précision qui vous étonnera ; les souvenirs les plus fugitifs et les plus lointains se retraceront avec une netteté et une exactitude qui vous sembleront tenir du prodige, vous qui, au milieu de vos mille distractions, avez perdu le souvenir ! De ces réminiscences si précises et si fraîches, il tirera des déductions d'une justesse qui semble appartenir à la divination ; d'un fait accompli, d'un mot, de l'ombre d'un souvenir, d'un indice à peine perceptible, il tirera des conclusions pour l'avenir, et l'avenir viendra les justifier. Mais ce serait une grande erreur de croire que toujours et pour tout, ses appréciations, ses pronostics ou ses jugements seront marqués du sceau de la vérité ; il ne faut pas se figurer qu'il puisse, comme on l'a prétendu, lire indistinctement dans le présent, le passé et l'avenir. Ses connaissances resteront éternellement bornées dans le cercle étroit des choses qu'il connaît, ou qu'il peut arriver à déduire des notions qu'il possède. Interrogez-le, et vous ne tarderez pas à vous apercevoir que ses réponses sont très-souvent le résultat ou de son imagination ardente qui l'entraîne, ou de son orgueil qui, mieux que toutes ses autres facultés, est dans un état d'excitation, ou d'une hallucination qu'il prend pour la réalité. Toutes ses appréciations, vraies ou fausses, seront exprimées en termes, en général, assez choisis, et sous des formes plus pures, quelquefois, que dans l'état de veille ; mais, dans tous les phénomènes que j'ai pu observer, dans tous ceux dont j'ai pris connaissance chez les divers auteurs qui ont traité du Magnétisme, je n'ai rien pu découvrir qui sortît du cercle étroit que la Providence a circonscrit autour de nous, et dans lequel elle a invariablement enfermé les facultés qu'elle nous a départies. J'ai vu ces facultés acquérir plus de précision, plus de lucidité, plus de perfection ; mais je n'ai jamais rien vu qui ressemblât à la création d'un nouveau sens, dont on s'est plu à douer les somnambules magnétiques.

Sans doute, nous n'avons pas retracé encore toutes les facultés qui semblent appartenir à ce singulier état ; mais n'oubliez pas que nous avons fait deux parts dans les phénomènes que nous cherchons à élucider, celle du somnambule et celle du magnétiseur ; n'oubliez pas que nous ne partons, jusqu'ici, que du premier, livré à ses propres inspirations, et non guidé encore par l'activité puissante de celui qui en fera bientôt un prodige, sous l'influence magique de sa volonté.

Devons-nous faire une exception en faveur de certains faits de clairvoyance, de prévision et de la seconde vue ? La première réponse à faire, c'est qu'il est indispensable de séparer les faits controuvés de ceux qui paraissent parfaitement démontrés. — En n'acceptant que ces derniers, on trouve, en dehors du Magnétisme, des exemples assez nombreux de prévision. — Sans parler des prophètes, nous rappellerons que, le jour de la mort de saint Martin, à Tours, saint Ambroise en fut averti, dans l'église de Milan, au moment où il célébrait la messe; que l'archevêque de Vienne annonça à Tours, à Louis XI, la mort de Charles-le-Téméraire: « Sire, lui dit-il, Dieu vous donne la paix et le repos. Vous les avez, si vous voulez, *quia consummatum est*; vostre ennemi, le duc de Bourgogne, est mort, il vient d'estre tué et son armée desconfite. Laquelle heure coltée fust trouvée estre celle en laquelle véritablement avait été tué ledict duc. »

Treize ans avant la révolution de 1789, le père Beauregard fit retentir les voûtes de Notre-Dame de ces singulières paroles : Oui, vos temples, Seigneur, seront dépouillés et détruits, vos fêtes abolies, votre nom blasphémé, votre culte proscrit...... Et toi, divinité infâme du paganisme, impudique Vénus.... tu viens t'asseoir sur le trône du Saint des Saints, et recevoir l'encens coupable de tes nouveaux adorateurs !

Qui ne connaît la fameuse prédiction de Cazotte, six ans avant la révolution: Vous, M. Condorcet, vous expirerez étendu sur le pavé d'un cachot. — Il n'y aura plus que des temples de la raison. — Vous, M. Vicq-d'Azyr, vous vous ferez ouvrir six fois les veines dans un jour, et vous mourrez dans la nuit. — Vous, M. de Nicolaï, vous mourrez sur l'échafaud, vous, M. Bailly, vous M. de Malesherbes, sur l'échafaud, etc., etc., et alors, vous serez gouvernés par la seule raison. Ceux qui vous traiteront ainsi auront dans la bouche les mêmes phrases que vous débitez depuis une heure.

Les exemples de seconde vue et de clairvoyance, dans l'état naturel ou de maladie, ne sont pas tellement rares, que l'on ne puisse en citer des cas authentiques. — On s'accorde assez généralement, du moins parmi les physiologistes, à les considérer comme des faits appartenant aux hallucinations. — Cette explication n'en est pas une, car elle ne sert qu'à reculer la difficulté. Pourquoi cette hallucination se trouve-t-elle confirmée par les faits? C'est là ce qu'il faut se demander, et chercher à déterminer. Dans quelques cas, rares à la vérité, il n'est aucune explication plausible, c'est un fait qu'on est libre de rejeter ou d'admettre avec Bacon, de Maistre, Machiavel, etc.

Dans le somnambulisme naturel ou artificiel, l'expérience démontre que les mêmes faits peuvent quelquefois se reproduire, tout en reconnaissant que, dans la plupart des cas, ils ont lieu sous l'influence des réminiscences et des souvenirs ; et la preuve, c'est que le somnambule, qui marche librement dans les lieux qu'il connaît, chancèle, trébuche, et se perd dans ceux qui lui sont inconnus.

Pouvons-nous admettre la transposition des sens et le phénomène de la clairvoyance répandue sur toute la surface du corps, et surtout à l'épigastre et au bout des doigts ? Evidemment non : c'est là une erreur grossière qui a pris son origine dans un phénomène mal observé. On ne serait pas tombé dans cette monstruosité physiologique, si l'on s'était donné la peine, comme nous l'avons fait, de séparer les facultés qui appartiennent en propre au somnambule de celles qui procèdent du magnétiseur.

Chaque sens a une fonction spéciale à remplir ; il ne peut pas plus être remplacé par un autre, que suppléé par des parties qui n'ont avec lui aucun rapport de forme, de structure ou de fonction. Le somnambule ne peut donc voir que par son œil, entendre que par son oreille, goûter que par son palais. — Mais, si l'on admet, comme cela est incontestable, que le magnétiseur puisse lui transmettre sa pensée, il ne faudra plus s'étonner si le sujet lucide parvient à reconnaître, sans le secours des yeux, un objet placé derrière son cou, sur l'épigastre, le bout des doigts ou la plante des pieds. Pour les objets sensibles et palpables, la sensation tactile qu'il éprouve pourra, sans communication de pensée, le conduire, par voie de déduction, à apprécier la nature de l'objet, surtout s'il peut s'aider de l'ouïe ou de l'odorat ; mais, lorsqu'il aura, par exemple, à lire quelques phrases d'une lettre ou d'un livre quelconque, à déterminer la nature d'un objet matériel, sans le secours du tact ou d'un autre sens, il n'y parviendra jamais, sans que son magnétiseur lui transmette la notion toute formée qui servira de texte à la réponse. Des somnambules ont lu, dira-t-on, au travers d'un bandeau, ou les yeux fermés par une main défiante ; une dame aveugle voyait, dans son sommeil, toutes les splendeurs de la nature ; on peut voir à des distances infinies, aussi bien que de près : ce n'est donc pas l'œil qui voit ? Je dirai d'abord que j'ai peu de confiance aux bandeaux, depuis que des expériences positives ont démontré qu'avec le temps, on peut arriver à voir très-clairement au travers de ceux qui, en apparence, paraissent le plus imperméables à la lumière. Il y a plus d'un somnambule, parmi ceux qui se donnent en spectacle, qui joue au Magnétisme. Cependant, je serais tenté d'admettre que, dans cet état, il est possible de voir à travers les paupières :

mais tout phénomène de vision est entièrement aboli, si l'œil est affecté d'un simple albugo ; si l'on interpose, entre lui et l'objet, seulement une feuille de papier, à plus forte raison, si ce bandeau est tout-à-fait imperméable, et s'il ne permet, par son déplacement, l'introduction d'un rayon lumineux, et encore le fait n'est-il pas parfaitement démontré.

En dehors de ces phénomènes, il n'y a plus que des hallucinations ou des transmissions de pensées. Dans les expériences de M. Berna, toutes les épreuves ont échoué, dès l'instant que les commissaires de l'Académie ont évité de lui faire connaître les objets qu'ils soumettaient à la sagacité de sa somnambule ; et cependant, M. Berna avait répété maintes fois la même épreuve avec succès ; mais alors il connaissait l'objet : en adressant la question, son esprit murmurait la réponse. S'il se fût douté de la véritable théorie du Magnétisme, il se serait évité un pareil échec, et n'aurait pas semblé vouloir mystifier l'Académie.

Pourquoi, s'il est possible de lire sans le secours des yeux et au travers d'un bandeau parfait, personne, jusqu'à présent, n'a-t-il gagné le prix de trois mille francs, proposé par M. Burdin ? La réponse est encore la même ; la difficulté repose sur une impossibilité physiologique, et l'on a voulu la résoudre, en fondant ses espérances sur un fait mal compris de clairvoyance, dont on n'a pas su décomposer les éléments. Aussi, Mlle Pigeaire a-t-elle parfaitement échoué.

Nous sommes donc invinciblement amené à reconnaître que, dans le Somnambulisme, les lois de la nature ne reçoivent aucun démenti, que l'œil est fait pour voir, et que rien ne peut le remplacer ; que si l'on abandonne le sujet à ses propres forces, il ne peut acquérir aucun sens nouveau ; que, bien que ses facultés naturelles jouissent d'une nouvelle et quelquefois prodigieuse activité, il ne peut rien créer dont il n'ait en lui le germe par la réminiscence.

Je n'ai encore présenté qu'une bien faible partie des phénomènes appartenant au magnétisme, et cependant je pense en avoir dit assez pour donner la clef de leur interprétation. — J'arrive maintenant à une section beaucoup plus intéressante, puisqu'elle touche de près à la santé, c'est l'examen de ses prétentions médicales et de sa substitution absolue à toute autre méthode de traitement. J'aime les questions franchement posées et je trouve celle-ci énoncée dans l'ouvrage de M. Teste, en termes qui ne laissent aucune équivoque et qui feront connaître en deux mots si les affirmations des anciens magnétiseurs persistent encore aujourd'hui, et si les magnétiseurs modernes ne promettent pas plus encore. — Restera à examiner si ces prétentions sont justifiées et surtout ce qu'elles présentent d'utile.

Mesmer avait dit : avec cette connaissance, le médecin jugera sûrement l'origine, la nature et les progrès des maladies, même les plus compliquées : il empêchera l'accroissement et parviendra à leur guérison, sans jamais exposer le malade à des effets dangereux ou des suites fâcheuses, quels que soient l'âge, le tempérament, le sexe. Elle mettra enfin le médecin en état de juger du degré de santé de chaque individu et de le préserver des maladies auxquelles il pourrait être exposé : l'art de guérir parviendra ainsi à sa dernière perfection. »

A l'époque où Mesmer écrivait ces propositions, le somnambulisme n'était pas encore dévoilé. M. de Puységur ouvrit une voie nouvelle en le faisant connaître, et augmenta successivement les espérances médicales. C'est donc armé de toutes pièces que M. Teste s'exprime ainsi : ravir à jamais l'exercice de la médecine à l'intelligence pour le confier à l'instinct, tel est le vaste projet que je conçois. Et cette nouvelle pratique de l'art médical, j'entends qu'elle soit universelle et s'applique à tous les cas. L'étude de l'anatomie, des opérations restera seule dans nos écoles, pour nous former des chirurgiens. Mais encore les actes de ces derniers seront-ils subordonnés aux instigations du somnambule... Ecouter cette voix toute prophétique, enregistrer avec une minutieuse exactitude tous les mots qu'elle profère ; un peu plus tard, suivre de point en point les conseils que j'en ai reçus ; à cela seulement je veux borner mon rôle... Je me désiste de mon droit, je fais abnégation de mon chétif savoir, et je m'incline avec admiration devant ces révélations sublimes qui émanent de Dieu même. »

Ainsi voilà qui est clair, ravir l'exercice de la médecine à l'*intelligence*, le confier à l'*instinct* du somnambule, et s'incliner respectueusement devant ses oracles, cela est simple, précis, et n'offre plus la moindre équivoque ; mais j'avoue que, malgré tous les efforts que j'ai pu faire pour comprendre sur quels faits reposait une pareille abnégation, je n'ai pu y arriver ; mais dans ce travail auquel mon intelligence, dont je ne fais pas aussi facilement le sacrifice que M. Teste, s'est livrée pour comprendre une pareille énormité, je crois être arrivé à quelque chose de mieux, qu'à apprendre à m'incliner devant un instinct, et j'espère, si l'on veut bien me suivre avec quelque attention, démontrer que la plupart de ces propositions tout en conservant aux yeux des gens superficiels une apparence de réalité, ne sont au fond qu'une interprétation inintelligente de phénomènes, curieux à observer, précieux quelquefois à étudier, féconds en quelques circonstances en applications thérapeutiques, mais dans lesquels l'intelligence, le savoir, l'expérience conservent toute leur suprématie et ne cèdent jamais le pas à cet instinct dont il vous plaît de gratifier vos somnambules, pour avoir le plaisir de fléchir le genou devant *ses révélations sublimes*.

Le magnétisme considéré comme agent médical est employé de différentes manières.

1° On agit sur les malades par l'action seule de la magnétisation, sans produire ni sommeil ni somnambulisme.

2° Lorsque l'on a obtenu le somnambulisme, on fait parler le somnambule, et dans ses réponses, il exprime la nature de sa maladie, le traitement qui lui convient, le jour et l'heure de sa guérison.

Ma longue expérience m'a appris, dit M. Grüppard, que jamais un somnambule, quand il se prescrit quoi que ce soit, ne se le prescrit mal à propos, puisque toujours on le sauve, quand on suit exactement toutes ses prescriptions. Mais, quelques secondes plus tôt ou plus tard, tout l'effet est détruit.

3° D'autres fois c'est sur la maladie d'une autre personne qu'on lui demande conseil, en le mettant en rapport avec le malade ou bien avec un objet qui lui a appartenu.

Comme dans toutes les autres propositions que nous avons eu à examiner, il y a quelque chose de spécieux, quelque chose de vrai, et une foule d'erreurs qu'il importe de mettre en évidence, afin qu'on ne se flatte pas d'avoir trouvé la panacée universelle, et que, pour une chimère que l'on caresse, on n'abandonne pas les voies sanctionnées par l'expérience des siècles, et que chaque jour voit perfectionner et agrandir.

Une chose déplorable, c'est de voir que des médecins se fassent les patrons de pareilles utopies, et que renonçant aux traditions que leur intelligence n'a sans doute pas pu saisir, ils aillent, de gaîté de cœur, sacrifier à une idole avant d'avoir bien examiné le métal dont ses membres sont formés, et l'épaisseur de l'enveloppe séduisante qui recouvre ses pieds d'argile.

Oui, sans doute, il y a quelque chose de vrai dans le magnétisme appliqué à la médecine; mais la vérité se trouve mêlée à tant d'erreurs, elle se trouve confondue avec un si grand nombre d'illusions, que si l'on ne parvient pas à saisir chacun des fils qui conduisent l'un à la réalité, l'autre à la déception, on en restera toujours au point où nous sommes aujourd'hui ; c'est-à-dire que les uns continueront à tout nier, parce qu'ils ne comprennent pas, les autres à tout admettre, parce que leur imagination, leur amour du merveilleux les entraînera sans cesse vers les croyances les plus extraordinaires par cela seul qu'elles sont en rapport avec leur organisation, et que, sortant des connaissances vulgaires, elles les conduisent vers des théories mystiques et surnaturelles qui flattent leur amour propre et leur font croire qu'ils appartiennent à une nature privilégiée, puisqu'ils entrevoient des horizons inaccessibles au vulgaire.

Loin de nous de nier les effets de la magnétisation sur certaines natures. Nous l'avons admise dès le principe ; et dès l'instant que nous avons reconnu qu'elle peut agir sur un sujet jouissant de toute la plénitude de sa santé, nous avons fait comprendre que les modifications qui se produisaient alors, pouvaient tout aussi bien avoir lieu dans divers états morbides et produire des modifications qui aideront au rétablissement de la santé, ou agraveront l'état morbide, suivant la prédisposition du malade et le talent du magnétiseur. Mais, si l'on veut se rendre compte du mode de son action, en étudiant les divers phénomènes qui se sont produits entre les mains des magnétiseurs, on arrive à reconnaître que le magnétisme ne jouit d'aucune vertu spéciale, qu'il est ici sédatif ou excitant, qu'il provoque des évacuations ou qu'il les supprime, qu'il apaise des douleurs ou les fait naître, qu'il fait cesser les convulsions ou les réveille avec une nouvelle intensité ; que là, il provoque le sommeil ou détermine des insomnies douloureuses, qu'il calme l'imagination ou fait naître tous les désordres les plus singuliers qui tiennent aux fonctions cérébrales dans l'état normal et toutes les anomalies si bizarres qui résultent des perturbations maladives.

Nous ne pouvons donc pas classer le magnétisme comme les autres agents thérapeutiques que la médecine emploie chaque jour. Ce n'est ni un calmant, ni un excitant, ni un altérant, ni un évacuant, ni un tonique, ni un spécifique, ni un narcotique, puisque tour-à-tour il emprunte à ces différents genres de médication, leurs formes multiples et sans cesse renaissantes.

Ce caractère protéiforme doit donc nous faire comprendre que l'agent qui le constitue n'est pas unique, que ce n'est pas quelque chose de matériel, comme un médicament, un fluide aériforme, comme le fluide électrique, la lumière ou la chaleur, et, par conséquent, que son essence réside dans une action appartenant à un ordre de phénomènes tout différent de ceux que nous venons d'énumérer; et que s'il est impossible d'en spécifier la nature, il est possible au moins de reconnaître qu'il se classe tout-à-fait à part, mais dans une section de phénomènes physiologiques dont nous voyons, à chaque instant dans la vie, se manifester la puissance.

Je trouve la plus grande analogie, pour ne pas dire une identité parfaite entre les phénomènes magnétiques et certains effets sympathiques que vous avez sans doute observés. — Ne vous est-il pas arrivé, en vous promenant avec un ami, de songer à un air favori et un instant après de le lui entendre fredonner. Ne vous souvient-il pas au moment où vous ailliez entamer une question de vous être senti devancé par une autre personne. Vous êtes dans la tristesse, dans un abattement moral indéfinissable, un homme fort apparaît et déjà votre courage est revenu. Qui n'a vu, du moins dans les souvenirs que nous transmet l'histoire, dans les calamités les plus grandes, au moment où tout semble devoir s'abîmer à jamais, le courage et la force renaître avec l'espérance, parce qu'un homme a paru et qu'il porte en lui des émanations qui vous raniment. Pourquoi à la première vue vous sentez-vous entraîné vers une personne inconnue? Pourquoi ressentez-vous pour une autre une répulsion invincible, et pourquoi, si vous êtes bien doué, cette première impression est-elle la plus sûre de toutes celles que vous éprouverez plus tard. Médecin, vous arrivez près d'un malade en proie à des souffrances terribles, à une anxiété morale déchirante, et vous ne lui avez pas saisi la main, que déjà ses douleurs et ses angoisses sont oubliées à demi. La mère calme, dans ses embrassements, la douleur de son enfant malade, comme un ami adoucit, même par son silence, les déchirements de votre cœur ulcéré?

Le magnétisme, tel que je le comprends, rend compte de tous ces faits si étranges, et s'il ne peut remonter à la cause première, au moins fait-il connaître d'une manière satisfaisante le mécanisme de leur production.

Dans l'état de concentration qui accompagne une douleur physique ou morale, toute l'activité vitale se concentre sur le sujet de votre chagrin, vous ne vivez, pour ainsi dire, que pour alimenter votre douleur; vous êtes insensible à tout ce qui vous entoure, vous arrivez, en un mot, à un état d'isolement qui vous rapproche de l'isolement magnétique; mais aussi combien n'êtes-vous pas impressionnable et sensible, à tout ce qui peut ranimer vos angoisses. Il n'y a rien de plus miraculeux, rien de plus étrange dans le magnétisme, et c'est parce que l'on n'a pas insisté assez sur ces rapprochements, que les uns ont nié qu'il existât réellement une partie de la physiologie à laquelle on a donné le nom de magnétisme ; que les autres en ont fait une science à part, sans analogie, une émanation divine ou satanique, tandis que ce n'est qu'une application, merveilleuse à la vérité, mais toute naturelle des lois primordiales inhérentes à notre organisation.

Oui, de même que vous pouvez lire dans le regard des personnes qui vous entourent, et connaître jusqu'à un certain point leurs pensées, vous pouvez leur transmettre les vôtres, mais à cette différence près que vos transmissions différeront de celles qui vous adviennent de toute la distance qui peut exister entre la puissance d'une intelligence en pleine activité et une intelligence inactive. — Ne comprenez-vous pas que l'homme qui pense pour lui seulement ne pourra pas vous transmettre sa pensée avec autant de facilité que vous qui pensez, au contraire, dans le but seul de révéler ce qui se passe en vous.

Dans les deux cas, en admettant la théorie du fluide magnétique, on dirait : il y une transmission du fluide ; resterait à démontrer comment ce fluide peut porter une pensée. — Je n'en sais rien moi-même, mais ce que je reconnais, c'est que le fait de la transmission est parfaitement exact ; en empruntant une comparaison aux sciences physiques, et en nous aidant des données physiologiques que nous avons admises dans un précédent travail sur la phrénologie, nous présenterons sous forme d'essai une théorie dont on jugera la valeur. La voici : nous ne pouvons penser sans que notre cerveau, ou plutôt une partie de notre cerveau n'entre en action, ne pourrait-on pas dire que, de même que, lorsque l'on fait vibrer la corde d'un instrument, toutes celles des instruments qui se trouvent à l'entour reproduisent un son analogue, ainsi l'ébranlement matériel qui a lieu dans notre cerveau, détermine des ondulations qui se transmettent au moyen de l'air, jusque dans le cerveau sur lequel on veut agir ; et que la partie correspondante venant à en ressentir l'effet, entre immédiatement en action pour manifester à l'extérieur la faculté dont elle est l'instrument matériel. On pensera ce que l'on voudra de cette théorie, mais il me semble qu'elle rend parfaitement compte de tous les phénomènes observés.

Mais ce n'est pas là la question principale, elle est tout-à-fait indifférente à l'étude des faits que j'examine. — La chose principale, c'est de savoir si la pensée peut se transmettre, et si cette pensée peut influer non seulement sur les phénomènes intellectuels, mais sur toutes les fonctions organiques, et détermine, dans chacune d'elles, des modifications analogues à celles produites par les médications ordinaires. Il est impossible de se rappeler tout ce que les magnétiseurs ont produit en ce genre, sans rester convaincus que dans la multiplicité des cures qu'ils ont citées, il n'y en ait pas quelques-unes de réelles, et, au lieu de nier absolument et de se draper dans l'assurance que la logique semble nous permettre, j'ai pensé qu'il était plus logique encore d'examiner, d'étudier, d'expérimenter et de soumettre au creuset de la raison tout ce que j'avais appris, expérimenté.

Quelle que soit l'opinion que l'on professe, pour ou contre le magnétisme, il restera toujours démontré que Greatrakes, Gasner, Barbarin, Digby, Mesmer, Deslon, et tant d'autres à notre époque, ont opéré des cures, et des cures remarquables, là où d'autres moyens avaient échoué. Qu'ils aient pensé agir contre le diable, au moyen de prières, de procédés mystiques, par des formules étranges, cela ne change absolument rien à la thèse; ils n'ont pas produit tout ce qu'ils auraient pu produire, parce qu'ils n'ont pas compris ce qu'ils faisaient; mais, dans le cercle de leur action, ils ont eu des succès, parce que leur volonté expresse et persévérante était de soulager. Qu'a fait Mesmer? il a guéri par des crises, parce qu'alors il était de croyance vulgaire qu'une maladie ne peut se guérir que par ces procédés. — Mais son intention, au-delà de la crise, c'était toujours d'aboutir à la guérison; il la voulait, il la voulait ardemment, il la voulait comme un homme sûr du succès, et il l'obtenait. — Aujourd'hui que les méthodes thérapeutiques sont enrichies, vous ne retrouverez ces crises magnétiques que chez les magnétiseurs qui ne se sont pas tenus au courant de la science. Les méthodes nouvelles ont pénétré chez les autres, et le magnétisme a changé de face; plus de ces évacuations immondes, plus de convulsions effrayantes. Le magnétisme s'est humanisé; mais n'allez pas croire que ce soit avec une intention arrêtée; non, il a subi les chances du progrès; c'est-à-dire que, dans une main intelligente et savante, il est devenu savant et intelligent; il est devenu intelligent, parce que vous l'étiez, vous, magnétiseur; ce sont vos connaissances qui se sont traduites en actes et en phénomènes; c'est votre pensée qui s'est transmise, sans que vous vous en soyez douté vous-même.

Cependant, je ne serai pas injuste, il est des hommes honorables qui, à notre époque, ont entrevu de nouveaux horizons et qui ont su faire de nouvelles applications. — Mais c'est le plus ordinairement en se fondant sur la théorie de la transmission du fluide magnétique, et en insistant principalement sur la différence des procédés, je pense que c'est là une mauvaise voie. Je crois la théorie du fluide incomplète; je suis sûr que les procédés ont peu d'importance, quoiqu'ils puissent quelquefois servir d'auxiliaire.

Si donc le magnétisme, même au milieu de toutes ces imperfections, de toutes les erreurs dont il est encombré, a produit cependant des cures positives; n'avons-nous pas tout lieu d'espérer que, lorsque son étude aura été plus approfondie, sa théorie mieux ordonnée, lorsqu'enfin on aura sondé toutes les ressources de sa puissance, il produira tout ce qu'on est en droit d'en attendre. — J'ai la certitude que dans la presque généralité des affections nerveuses, il peut, avec une direction intelligente et sa combinaison avec toutes les ressources de la saine médecine, conduire à des guérisons inespérées, et surtout avec une rapidité dont rien n'approche. Je suis sûr que dans un grand nombre d'affections aigües et chroniques il peut encore être utile et rendre des services éminents. — Mais pour cela, il ne faut pas que le médecin, le jugeant avec mépris, le force à se reléguer honteusement dans un carrefour; il ne faut pas que ses prêtresses l'administrent en secret, avec tous les poisons qu'elles distribuent à pleines mains, aux crédules victimes qui se pressent à leurs consultations. Si je parle de leur poison, c'est que maintes fois j'ai été chargée de les examiner, et qu'aujourd'hui même mon cabinet en est encombré par ordre de la justice. Puisqu'il y a dans le magnétisme quelque chose de bon, d'essentiellement pratique, c'est au médecin, et au médecin seul, qu'il appartient d'en faire le choix et l'application. — Il est tout aussi honorable de soulager par ce moyen, qu'il serait honteux de n'en pas faire usage lorsqu'on le croit nécessaire. Je n'ose pas citer ma propre expérience, mais qu'il me soit permis de la conserver jusqu'à ce que, par des essais contraires et bien dirigés, on m'en ait démontré la fausseté. Mais, dira-t-on, on peut vous accorder tout cela, si vous voulez parler du magnétisme appliqué directement d'individu à individu, c'est-à-dire à l'influence immédiate que vous pouvez exercer sur le système nerveux, c'est une perturbation comme une autre. Mais avez-vous oublié que le magnétisme a été distancé par la découverte du somnambulisme et qu'il n'est plus question aujourd'hui que des avantages immenses et miraculeux que l'on peut retirer des somnambules et des prodigieuses facultés qui naissent armées de toutes pièces dans leur cerveau lucide, quelque inculte et ignorant qu'il soit, vous ne savez donc pas que dans leur sommeil, ils peuvent découvrir, apprécier et rendre parfaitement la nature de la maladie dont ils sont affectés; vous en êtes encore à ignorer que non seulement ils peuvent lire dans leur corps, mais encore dans celui d'une personne qui les consulte, découvrir par une mèche de cheveux, tout ce qui se passe dans l'organisme du malade auquel elle appartient? Comment, vous oubliez que non seulement ils arrivent à un diagnostic précis, mais qu'ils savent encore désigner toutes les substances qui peuvent leur convenir et les conduire à la guérison par la voie la plus prompte et la plus efficace? Qu'il se développe alors en eux un instinct qui est tellement supérieur à la plus vaste intelligence, que M. Teste a formé le projet de ravir à jamais la médecine à cette intelligence pour la confier exclusivemt à cet instinct?

Je n'ai rien oublié de tout cela; mais ici vont commencer les dissidences. — Quelque vaste que soit le projet de M. Teste, avant de l'adopter et de travailler avec lui à cette œuvre, je me permettrai simplement quelques réflexions qui m'ont été suggérées par l'étude attentive des chefs-d'œuvre de cet instinct; et lorsque nous les aurons examinées ensemble, nous en tirerons quelques conclusions et nous verrons ce qu'il faut croire et ce qu'il convient de rejeter. Pour comprendre ce que nous allons dire, il faut se souvenir que nous avons divisé en deux parts les phénomènes magnétiques: l'une qui appartient au somnambule, l'autre qui procède du magnétiseur. Distinguons donc avec quelque attention tous les faits principaux qui appartiennent à chacun de ces groupes.

Tous les magnétiseurs qui ont laissé ou qui ont aujourd'hui un nom dans cette science, ont eu des somnambules auxquelles ils demandaient des consultations et qu'ils interrogeaient à chaque instant sur ce qui les intéressait eux-mêmes ou leurs malades.

Puységur avait la Maréchale, en laquelle il avait une telle confiance, qu'il ne craignait pas de lui confier les soins de sa santé, celle de sa femme, de ses enfants, et de toute sa maison. Mais comme Puységur était un gentilhomme sans instruction et imbu de tous les préjugés de son siècle, que les somnambules étaient prises dans la classe la plus infime de la société, leurs prescriptions se font remarquer par une naïveté qui tient des temps primitifs.

Celles de Deleuze sont remarquables par leur bon sens et leur intelligence, — et il ne faut pas oublier que, de tous les hommes qui ont écrit sur le magnétisme, aucun n'en a parlé avec autant de raison et de supériorité que Deleuze.

Celles de Deslon, médecin instruit de la Faculté de Paris, n'éprouvaient plus des crises au hasard, comme les précédentes, mais on reconnaît la direction intelligente de son esprit, dans celles qui se produisent et qui sont conformes aux doctrines dont il était imbu.

Lœnnec cite l'exemple d'une somnambule célèbre dans son temps, qui, sous la direction d'un pharmacien instruit, se faisait remarquer par l'art avec lequel elle formulait les médicaments qu'elle prescrivait.

La cataleptique de Petetin, qui était une femme remarquable sous tous les rapports, décrit les mouvements de son cœur avec toute la précision qu'aurait pu y apporter Petetin, médecin instruit; mais elle se distingue particulièrement par la justesse de ses réponses, qui sont plus vraies que les idées même de son magnétisme. Ainsi, quand elle savoure ce petit pain qu'il lui applique sur l'estomac, ce n'est point par l'estomac qu'elle le goûte. — « Ah ! que ce petit pain au lait est délicieux ! — Pourquoi faites-vous ce mouvement avec la bouche ? — Parce que je mange. — Où le savourez-vous ? — Belle question ! par la bouche... » il était cependant sur son estomac, et Petetin croyait à la transposition des sens.

Nos somnambules, dit Foissac, ne s'écartent jamais des principes avoués par la saine médecine ; je vais plus loin : leurs inspirations tiennent du génie qui animait Hippocrate. — Il ne se doutait pas qu'il ne les trouvait aussi remarquables que parce qu'il reconnaissait en elles ses idées et ses doctrines.

Je pourrais pousser beaucoup plus loin ces rapprochements, et il me serait facile de démontrer que, suivant le degré d'instruction des magnétiseurs, suivant l'école à laquelle ils appartiennent, leurs somnambules revêtent un caractère particulier, et font des prescriptions parfaitement conformes aux idées générales de celui qui les dirige. Si c'est un médecin, l'ordonnance sera quelquefois pleine de bon sens et de raison ; si c'est un médicastre ou un charlatan, soyez sûr que le premier mot que prononcera la somnambule, c'est que le médecin du malade n'a pas connu la maladie, qu'il s'est trompé, que c'est lui qui l'a tué — puis elle entrera dans des détails où brillera, dans tout son jour, sa grossière ignorance, et l'on rougit pour l'humanité, en pensant que des gens instruits, ou pensés tels, dans une haute position sociale, ne jurent que par ces devineresses et ne se croiraient pas guéris ou soulagés s'ils n'étaient allés fléchir le genou devant cette idole. J'avoue, qu'au premier abord, on trouve dans ces consultations des faits singuliers, et qui sont bien capables de frapper l'imagination et de séduire les personnes qui ont l'habitude de raisonner beaucoup plus d'après leurs impressions que d'après les lois de la logique; mais il faut les interpréter convenablement, et c'est ce que nous allons faire.

Vous arrivez près de la somnambule, dans le plus profond incognito. — Vous vous mettez en rapport avec elle; elle vous palpe, vous examine, se concentre en elle-même, puis, sans que vous ayez proféré une parole sur le but de votre visite, sur la nature du mal que vous désirez voir guérir; elle vous dira souvent le siége de vos douleurs, dans son langage particulier, ou plutôt dans son jargon; elle vous en précisera la nature; si vous lui demandez quelques renseignements sur différentes choses qui vous intéressent, si vous la faites transporter dans les lieux qui lui sont tout-à-fait inconnus, si vous l'interrogez sur une personne absente, il arrivera très souvent que ses réponses seront justes, et ce qui vous frappera le plus, c'est qu'elles coïncideront toujours avec la nature intime de votre pensée. Comment n'être pas séduit par un pareil miracle? Il est cependant une explication qui, à mon avis, ne laisse aucun doute sur la nature de tous ces phénomènes. Ce qui vous frappe le plus et bouleverse toutes vos pensées, est justement le flambeau qui me guide et m'a fait comprendre qu'il n'y avait rien là que de très naturel. — Ne voyez-vous pas, par ces réponses qui sont toutes vôtres, si je puis m'exprimer ainsi, que votre somnambule n'est qu'une glace qui réfléchit votre pensée et vous la rend conforme à son impression? Cherchez, analysez, et vous verrez que toujours la somnambule puise ses inspirations dans les notions qu'elle possède, ou dans les transmissions que vous lui communiquez. Si elle sort de là, elle délire, ce n'est plus qu'une hallucinée qui parle au hasard, ou une drôlesse qui se moque de vous. S'il était possible qu'elle devinât quelque chose, dont elle ne porte en elle aucun élément, ou dont vous ne lui transmettiez pas les germes, pourquoi, si ces révélations peuvent exister pour des choses insignifiantes, n'existeraient-elles pas pour des choses sérieuses, et qui peuvent conduire la somnambule à sa fortune? — Si ma théorie est fausse, si votre somnambule peut sortir du cercle où je circonscris son action, dites-moi quel est le cours de la Bourse à Paris? Comme votre pensée vole plus vite encore que les pigeons, vous arriverez à la fortune plus vite encore que leurs possesseurs; et je vous promets de renoncer à mon système. — Tant de trésors sont enfouis dans la terre, dites-moi donc quel sol fortuné les recouvre? Bien souvent vous les avez cherchés, et toujours vous les chercherez en vain! Il n'y a là qu'une impossibilité, soyez-en bien certain. — Il n'y a plus rien à créer dans la nature, pas plus dans l'ordre naturel que dans l'ordre moral. Toutes les découvertes qui nous restent à faire, ont leurs éléments dans les forces qui existent en nous dès le jour de la création; vous vous faites illusion en pensant en créer de nouvelles; sachez seulement bien diriger celles qui existent en vous, et vous aurez plus de puissance, parce que vous travaillerez suivant les lois de la nature, au lieu de poursuivre une chimère monstrueuse. — Tout ce que l'on vous dit de vrai, vous le savez; tous les lieux que l'on vous décrit, vous les connaissez; toutes les prévisions de l'avenir, que l'on vous donne comme certitudes, leur réalisation existe déjà, comme conséquence, dans votre pensée.

Le somnambule ne peut rien créer, rien deviner, rien prévoir que vous ne puissiez deviner, créer ou prévoir. — Elle pensera comme vous, n'en soyez pas étonné, puisque c'est vous qui lui dictez ses inspirations; mais cessez de la regarder comme un être surnaturel, vous en feriez tout autant; il ne s'agirait que de vous mettre dans un état nerveux, capable de percevoir les impressions que l'on voudrait vous transmettre. — Presque tout le monde est susceptible de subir cette modification, quoique les femmes, naturellement nerveuses, soient plus aptes que tout autre à les montrer dans toute leur perfection.

A quoi peuvent donc servir toutes ces consultations? *A rien absolument, qu'à propager une erreur!* On dit que l'instinct des remèdes est alors prodigieusement développé, — c'est une erreur encore. — Il ne faut pas chercher à s'abuser sur ce point; les médecins sérieux, qui ont étudié avec le plus grand soin cette partie du Magnétisme, sont arrivés à des conclusions tout-à-fait négatives. — Frappart, qui a poussé ces idées jusqu'à la dernière exagération, fait un aveu complet de son impuissance, lorsqu'il dit: Qu'en raison de la difficulté d'employer les remèdes prescrits par les somnambules, il faut diriger leur esprit vers les médicaments homœopathiques. — Si donc vous êtes obligé de diriger leur esprit, quelle spontanéité leur laissez-vous? Et vous ne comprenez pas encore, malgré cet aveu, que c'est vous qui agissez et non pas votre somnambule, et qu'elle ne peut rien de bien sans votre inspiration.

Vous êtes si sûr de la supériorité d'esprit de vos somnambules, et vous écrivez en toute lettre : « Si vous avez près de vous des magnétiseurs plus savants ou plus forts que vous, ne les invitez pas à jouer le premier rôle, qu'ils se gardent surtout d'exercer une influence directe » — (Que signifie cette influence, si la somnambule crée de toute pièce).

M. le docteur Charpignon qui, après Deleuze, me paraît avoir écrit l'ouvrage le plus remarquable en faveur du Magnétisme, après avoir reproduit plusieurs cures, ou tentatives de cures, d'après des consultations magnétiques, arrive à cette conclusion :

Lorsque Georget s'est laissé séduire par ses espérances et qu'il a dit : « la médecine moderne des somnambules est la plus parfaite de toutes, il a obéi sans le savoir à ce petit sentiment d'amour-propre qui nous fait trouver parfaites les inspirations qui sont conformes aux nôtres, les somnambules ont prescrit selon ses idées — et ils les a trouvées supérieures. »

M. Gauthier a dit aussi : « un médecin somnambule est un être précieux, non seulement pour lui-même, mais pour les autres et la science ; » certainement il doit être supérieur, médicalement parlant à tout autre somnambule ; mais suivant les expressions de M. Gauthier, il ne sait rien au-delà, de ce qu'il sait dans l'état naturel, quoique l'exaltation de la mémoire et l'esprit de comparaison le rende supérieur à lui-même dans l'état de veille. « *Celui qui n'est ni anatomiste, ni chirurgien, ni médecin, ne peut décrire sa maladie comme le ferait un homme de l'art* ; *il dit ce qu'il voit comme il le voit*, *comme il le sent et dans le langage qui lui est le plus propre à se faire comprendre. L'instinct des médicaments est pour lui considérablement augmenté.* » Mais il n'en fournit pas plus que les autres une démonstration précise. On peut donc suivre la trace du magnétisme dans toutes les réponses, dans toutes les prescriptions, mais il faut de plus faire la part de l'intelligence de la somnambule et de l'état de ses connaissances. Le magnétisme transmet sa pensée, il ne la transmet que sous forme intellectuelle ; pour qu'elle revête une forme sensible, il faut que la somnambule la traduise par le langage, eh bien ! c'est là surtout que sa part se fera sentir ; plus son intelligence sera développée, plus ses expressions deviendront séduisantes et remarquables ; plus elle sera instruite, plus ses réminiscences se rapprocheront du caractère d'une création ; mais au fond il n'y en aura jamais aucune, — outre les facultés qui lui sont propres, elle subit l'influence du temps, des lieux, des préjugés et des sciences. Toutes les somnambules d'Allemagne ne font que des prescriptions conformes aux idées dominantes dans le peuple ou dans les écoles allemandes. — Elles ne ressemblent en rien à celles que l'on voit en Angleterre, et rien à ce que nous observons en France. — Et dans chacun de ces pays, chaque prescription particulière diffère par des nuances, suivant chaque magnétiseur, suivant chaque somnambule. — Si le magnétisme pouvait de toute pièce produire quelque chose de nouveau, pourquoi ne le produirait-il pas de même, à Vienne, à Londres ou à Paris ? — Je vais plus loin, s'il pouvait, même avec des dissemblances capitales, créer quelques médicaments précieux, pourquoi, depuis soixante ans, n'en a-t-il point produit ? — pourquoi n'a-t-il pas fait faire un pas, un seul pas à la médecine ? pourquoi, au contraire, suivant les perfectionnements qui ont été introduits dans les méthodes thérapeutiques, a-t-il, lui, modifié ses procédés, ses crises et toutes ses prétendues merveilles ? C'est que, de même qu'un serviteur soumis, il subit l'influence de l'intelligence qui le dirige, c'est qu'au lieu de devenir un maître absolu en médecine, il n'est et ne pourra devenir qu'un auxiliaire, une faible branche de cet art, et rien, rien absolument de plus.

Depuis longtemps, j'ai cherché et recueilli avec empressement toutes les prescriptions sorties de ces officines devinatoires. C'est pitoyable d'absurdité ou d'audace. L'audace va quelquefois sur les limites du crime ; j'ai vu de ces prescriptions dont les doses seraient capables de produire de terribles empoisonnements.

Les magnétiseurs en conviennent ; mais, parce que l'empoisonnement n'a pas eu lieu, — ils en ont conclu que les somnambules connaissent mieux que nous ce qui leur convient, et que jamais ils ne se prescrivent quelque chose de nuisible ; — que quelle que soit la singularité de leurs formules, on ne risque rien de s'y conformer, mais qu'il y a un grand danger à ne pas exécuter ponctuellement toutes leurs ordonnances, quant à la quantité du remède et à l'heure de son administration. Frappart a écrit très-sérieusement qu'une prescription de la femme d'un de ses amis n'avait pas réussi, parce qu'on l'avait exécutée quatre-vingts secondes après l'heure indiquée. — Je ne citerai qu'un seul exemple de ces doses singulières prescrites par une somnambule, et c'est au docteur Frappart que je l'emprunterai :

« C'était le 25 novembre 1839, Madame Comet prédit que, le 5 décembre, elle sera prise d'une fluxion de poitrine, et qu'il faudra prescrire une saignée de six cent vingt grammes. — C'est une femme anémique, le système musculaire est flasque : il est facile de voir, dit-il, *que leur médecine a passé par là.* Le 7, elle annonce pour neuf heures du soir une crise nerveuse : — à neuf heures moins huit minutes, elle se prend à bâiller ; à neuf heures moins quatre minutes, elle a une pendiculation, puis du malaise : enfin, à neuf heures précises, elle ferme les yeux. — M. Comet, qui vient de peser, suivant son indication, *dix grammes de laudanum*, les lui administre, puis deux cuillerées de vin blanc. A neuf heures une minute, elle tombe dans une immobilité absolue. A neuf heures cinq minutes, elle dit d'une voix qu'on a peine à entendre : « Demain, à neuf heures du matin, il faudra me tirer six cents grammes de sang. — Ma crise me prendra à huit heures et demie, et durera un quart d'heure. — On m'administrera *dix grammes et dix gouttes d'opium* : — elle est dans un état d'extase, puis arrive la catalepsie. A neuf heures et demie, elle sourit à sa famille et revient sur-le-champ à son état normal. — Depuis cette époque, tous les jours, Madame Comet a un accès de somnambulisme avec extase et catalepsie. C'est dans l'extase, qu'elle parle de sa maladie. — Le 8, elle dit que la saignée a été faible, tandis qu'elle devait être forte, et qu'il faudra lui soustraire de nouveau cinq cents grammes de sang le lendemain. — On tire cinq cent trente grammes, la malade dit que tout va pour le mieux ; mais voilà que, le 14, elle s'en prescrit une nouvelle de sept cent cinquante grammes, et qu'il faut qu'elle obtienne une syncope. — « Et cependant, cette pauvre femme est si faible, si pâle, si exsangue, si abîmée, si mourante ; mais jamais somnambule ne s'est suicidée. » — Près de vingt-cinq onces de sang sont tirés : la syncope arrive, puis de nouveaux accidents ; *les dix grammes d'opium* sont administrés comme à l'ordinaire. — Le lendemain, l'accès somnambulique arrive ; la malade demande son opium. — Demain, dit-elle, le point de côté s'affaiblira ; mercredi prochain, je serai entièrement délivrée : il me faudra de l'opium encore. — Mes crises cesseront le 28. — Ma convalescence sera pénible et longue. »

Que pouvons-nous remarquer dans cette observation ? Trois grandes saignées, chez une femme épuisée, l'administration de dix grammes de laudanum par jour ; et, malgré cela, cette dame n'est pas morte. Quant à l'époque de la cessation de ces crises, elle s'est complètement trompée ; car nous en voyons reparaître encore le 30 décembre, le 15 janvier, et toujours de l'opium.

Quelles réflexions inspire-t-elle au docteur Frappart ? Les voici : — « Abattue par d'incessantes douleurs, cette pauvre femme paraît exsangue : eh bien ! que s'ordonne-t-elle ? Trois énormes saignées... » il est vrai que ce n'est pas sa faute, si elle se traite si impitoyablement : l'imperceptible erreur qu'on a commise en exécutant sa première saignée, a seule nécessité les autres. Il faut compter les milligrammes et les secondes avec les somnambules, parce qu'ils n'y vont pas au hasard, comme nous autres médecins. »

Et voilà une des plus frappantes observations sur lesquelles ces Messieurs fondent leur croyance, et qui leur font dire : la médecine des somnambules est la première des médecines. Et cependant, Messieurs, que trouvez-vous de si prodigieux dans ce fait ? — Voici une malade qui a une fluxion de poitrine, si vous voulez l'appeler ainsi. — Son mari est médecin, sa femme a vécu dans une atmosphère médicale, M. Bouillaud ne leur est pas inconnu, ils savent sa méthode, et la malade, loin de créer, obéit simplement à une formule consacrée. — Resterait à examiner la question des hautes doses d'opium. — Eh bien ! dans mon opinion, Madame Comet en a supporté tout le danger, par cela seul que son mari avait l'intime conviction qu'il ne lui ferait point de mal. — Ceci, au premier abord, paraîtra plus absurde que les idées que je combats, et cependant, je crois être dans le vrai. — Dans l'état magnétique, les médicaments produisent l'effet que l'on attache à leur administration.

Vous ne savez peut-être pas encore qu'il existe une nouvelle branche, dans la science magnétique, que le docteur Viancin a fait connaître, et qu'il désigne sous le nom de *Pharmaco-Magnétisme*. — Il pense « que le fluide magnétique, en se combinant et en traversant les corps inorganiques, emporte quelque chose de la qualité substantielle de ces corps, et peut ensuite agir sur l'organisme humain, dans le même sens que ces substances elles-mêmes. ».

Excepté, toutefois, l'ipécacuanha, qui donne le tétanos comme la strychnie. —

Léonidas Guyot, dit-il, a failli faire périr un médecin réfractaire, en le magnétisant à travers de la noix vomique. Avec du colchique, il a purgé toute une chambrée, etc., etc. M. Charpignon, que nous aimons toujours à citer, a fait quelques essais dans le même genre. — Mais, avec sa prudence ordinaire, il reconnaît que cette particularité ne doit être admise qu'avec une certaine réserve, et lorsque les expériences auront réussi sur des personnes réfractaires à l'action magnétique, et que, pour plus de certitude, le magnétiseur agira sur un médicament enfermé dans un papier et dont il ignorera la nature. —

J'ai fait construire un appareil selon les idées de M. Viancin, et me suis conformé aux précautions indiquées par M. Charpignon. — Qu'est-il arrivé ? — J'ai pris une pilule d'aloès argentée, — je l'ai entourée de coton cardé, je l'ai placée dans mon appareil, j'ai magnétisé en soufflant au travers, et ma malade a eu huit selles dans la nuit. — Avec une goutte de chloroforme, j'ai obtenu presque immédiatement le sommeil. — Avec de la teinture de noix vomique, j'ai déterminé des bouleversements dans le ventre d'un autre malade.

Je ne me suis point servi de substances inconnues, mais j'ai fait mieux encore : je me suis servi de mon tube à vide, j'ai soufflé au travers, et j'ai obtenu des évacuations comme avec l'aloès, de même que Mesmer en obtenait ; et, par la seule raison que je le désirais, de même qu'il obtenait des convulsions, parce qu'il les croyait nécessaires à sa réputation ou bien à ses malades. — J'ai répété la même expérience, en attachant à mon idée une propriété médicale déterminée, et l'action médicale s'est produite jusqu'à un certain point. — Je suis donc porté à admettre que M. Viancin n'a pas compris toute la portée de son procédé, et que l'influence de la pensée en est l'élément principal : j'avoue cependant que je n'oserais pas encore affirmer qu'il n'y a rien de plus, il faut de nouvelles expériences, et je les poursuivrai. —

Mais, revenons à Madame Comet, si, par ma pensée, je puis déterminer une action médicale. — N'est-il pas possible de comprendre que le docteur Frappart, attachant à la haute dose d'opium une idée curative, l'ait calmée sans produire d'accidents ? — Je pense que là est la vérité et l'explication de toutes les imprudences heureuses, ou plutôt non suivies d'accidents des magnétiseurs et de leurs somnambules. — Ainsi, en réduisant à sa juste valeur cette observation, tout le merveilleux disparaît, et il reste évident que la malade s'est trompée sur l'époque de la cessation de ses crises.

Prenons un autre exemple, plus saisissant encore ; je l'emprunte, comme le précédent, à l'ouvrage du docteur Teste, qui le produit sous une forme dramatique qui nous permettra de saisir, dans tout son jour, la fausseté théorique et le danger pratique de ces croyances en l'avenir. J'abrège autant que possible son récit, en lui conservant tout son caractère :

« Le 28 juin 1840, Madame Teste se plaignait d'éprouver un malaise indéfinissable, je l'endormis. Madame Teste, dont le sommeil magnétique est ordinairement très-calme, s'émeut, se trouble, s'agite ; tout son corps frissonne : et, tandis que sa main serre convulsivement la mienne, l'horreur et la souffrance se peignent sur sa physionomie. »

O mon Dieu, mon Dieu, s'écrie-t-elle ! — Qu'est-ce ? lui dis-je, que vois-tu qui t'afflige ? — Elle ne répond rien. Je t'en conjure, mon ami, me dit-elle enfin, cesse de m'interroger. — Eh ! pourquoi ? — Parce qu'il est toujours trop tôt d'apprendre un malheur. — Mais, si cette prévision peut fournir quelque moyen de l'éviter ? — Non, non, c'est impossible. — Je te le demande à genoux, mon amie, dis-moi ce que tu as vu. — Eh bien !... écoute... Je vois.... Oh ! qu'ai-je donc fait au ciel ! Je vois une grande maladie. — Pour lequel de nous deux ? pour moi ? — Non, pour moi, grâce à Dieu. — Mais ce n'est pas tout... — Je vois mon agonie ! — Et après, lui dis-je ? — Après.... répéta-t-elle lentement.... Après, je ne vois rien.... Puis, quelques secondes plus tard, elle s'écrie d'une voix déchirante : Eveille-moi.... éveille-moi..., Alphonse, éveille-moi, car je me sens défaillir. —

Dans la séance suivante, elle ajoute : Mon ami, ce ne sera pas seulement pendant une heure que nous aurons à souffrir, mais pendant toute une nuit. — Mais quand donc ? — Samedi prochain. — Samedi soir, à huit heures précises, j'aurai des convulsions, elles dureront jusqu'à neuf heures. — Et alors ? — Alors, je serai bien malade, — et, pendant la nuit, — je serai bien malade encore. — Auras-tu ta connaissance ? — Non. — Jusqu'à quelle heure seras-tu ainsi ? — Jusqu'au matin. — A six heures, tout sera fini. — Que veux-tu dire par là ? — J'entends qu'à six heures, j'irai mieux, ou bien.... C'est affreux ce que je vois. — Et dimanche, que vois-tu ? — Je ne vois rien. — Et les jours suivants ? — Rien, rien, éveille-moi. — Mais que faudra-t-il te faire ? — Je te le dirai demain. — Rentrée dans la vie réelle, Madame Teste ne conserve des émotions de son sommeil qu'une vague agitation. — Le 29, elle continuait à se porter passablement. La nuit suivante fut pour elle et pour moi une nuit d'insomnie. — J'avertis mes amis de ce qui m'arrivait : les uns rirent de ma crédulité, les autres partagèrent mes appréhensions. — Le 30 juin, elle nous dit que rien au monde ne saurait conjurer la crise, et que toute médication serait superflue jusqu'au samedi 4 juillet, jour décisif, — que ce jour, à neuf heures et demie du soir, on appliquerait deux sangsues sur la région du cœur, de huit à neuf, de la glace dans la bouche, de neuf à dix, un bain à 28°. — Enfin, à dix heures, je devrais la magnétiser, afin de recevoir d'elle les indications nécessaires pour le reste de la nuit. — Vers la fin de la semaine, quoique personne ne lui eût rien dit, elle fut assaillie de pressentiments sinistres. — Il doit nous arriver quelque chose ; lorsque tu n'es pas là, j'ai peur... Je veux aller me confesser. —

Aujourd'hui? — Aujourd'hui même. — Pourquoi? — Eh! mon Dieu, ne me le demande pas, car je ne te répondrai pas mieux sur cela que sur le reste. — Ce subit désir me bouleversa l'esprit... — et moi aussi je fus tenté de voir un instant, dans ces pressentiments, de muettes révélations de la divinité. — Le lendemain, ma femme est triste et abattue, je cherche en vain à la distraire et à faire diversion à mes idées, par un déjeûner que je donne à mes amis. — Le 4 au matin, elle prétend que c'est du sang qui doit remonter et l'étouffer, si la glace n'y met obstacle. — Dans l'après-midi, douleur de poitrine, — céphalalgie violente : — à sept heures, elle se sent défaillir, — à sept heures et demie, application des deux sangsues sur le cœur. — A huit heures moins cinq minutes, cinq amis ou médecins entrent dans sa chambre, elle ne les voit plus, elle paraît être en syncope; — huit heures sonnent, elle commence à s'émouvoir. —

Ici commence pour moi, dit toujours M. Teste, une de ces horribles scènes qui font époque dans la vie d'un homme. Ses doigts, ses mains, ses bras, ses jambes et son tronc s'agitent et se tordent; soupirs, cris étouffés, cris déchirants, puis affaissement profond. —

Neuf heures !! et elle m'a dit que si, à neuf heures, elle ne parlait pas, tout serait fini. — C'est donc son agonie!.... — Cette femme se meurt, crie un des médecins, et vous ne lui faites rien! — Mais elle ne s'est rien prescrit de plus, dit M. Teste. — Vous aurez à répondre de la mort d'une femme! et le docteur Amédée Latour, car c'était lui, sortit indigné. — Frappart continuait tranquillement la lecture de son journal; — je n'en pouvais plus. — Je la voyais mourir. — Est-il l'heure, Frappart? — Il y a encore dix minutes. — A dix heures, on la remet au lit, je la magnétise, elle me dit d'une voix si faible que j'ai peine à l'entendre : Je suis bien malade! — De la moutarde aux jambes et aux pieds, — de la glace toute la nuit : — laisse-moi dormir un quart d'heure. — A onze heures, le pouls est fort et régulier, mais il n'y a toujours point de connaissance. A minuit, je la magnétise. — Comment te trouves-tu? toujours bien mal, j'étouffe. — Je vais donc te quitter, continue-t-elle douloureusement. — Seras-tu encore longtemps sans connaissance? — Oui. — Quand donc, éveillée, pourras-tu m'entendre? Elle hésite, et paraît souffrir de ma question. Je sens sur mon épaule une légère pression de sa main, puis elle pousse un cri étouffé et répond : Jamais. — Ma pensée vient expirer sur mes lèvres. — Y a-t-il quelque chose de nouveau à te faire? — Non. — A six heures, tout sera terminé. — Que veux-tu dire par là? — Qu'à six heures, j'irai mieux, — ou bien.... A cinq heures et demie, nouvel accès de convulsions. — Enfin, six heures sonnent. Le timbre de la pendule retentit à mon oreille comme un glas funèbre! Je n'y vois plus : mais j'entends un cri terrible, déchirant. Puis, au milieu du lugubre silence qui lui succède, l'impassible voix de mon ami Frappart, qui prononce ces deux mots : *C'est fini! C'est fini!!* — Non, votre femme est sauvée. — A sept heures, elle ouvre les yeux. — Elle avait pris *une léthargie pour la mort.* — Elle s'était tout simplement trompée.

Est-il possible de donner une forme plus dramatique à une scène plus féconde en enseignements? — Peut-on mieux démontrer à quels résultats une erreur théorique peut conduire? — Une maladie longue et douloureuse chez une femme intéressante, des angoisses terribles chez son trop faible et trop crédule époux. Voilà la conséquence.

En faisant taire son imagination et en se conformant aux interprétations sévères de la raison, à quoi se réduit cette curieuse observation?

Dans une première séance, sous l'influence d'un malaise, Madame Teste éprouve une hallucination, elle voit une maladie. — Son mari, en vertu de ses principes, est convaincu que c'est une réalité, une fatale prévision; — à chacune des séances suivantes, il ramène son esprit vers ce fâcheux présage, chaque jour, l'anxiété de son esprit augmente, à chaque séance, il transmet son inquiétude à sa femme; enfin, le jour de la crise est prévu, son esprit troublé attend cet instant comme l'arrêt suprême; il invite ses amis, l'heure sonne, il ne vit plus : le frisson qui court dans ses veines pénètre dans celles de Madame Teste, et la voilà en crise. Dans cette crise, tout est prévu, minute par minute; chaque accident nouveau a été prédit, M. Teste est sûr, dans le fond de son cœur, qu'il se réalisera, sa femme lit tout ce qui s'y passe, et la crise arrive par leur faute à tous deux, et la fusion de leur pensée. Je les compare à ces esprits faibles qui ont peur *d'un monstre*, et qui, en s'exaltant l'imagination, ne tardent pas à le voir avec des cornes énormes et des yeux flamboyants. — Si M. Teste et tous les autres magnétiseurs, dans des cas analogues, avaient eu des idées plus saines sur le Magnétisme, ils auraient traité la première hallucination d'enfantillage, ils ne s'en seraient pas autrement préoccupés; tout se fût terminé là.

Si Madame Teste eût conservé le souvenir de son rêve et s'en fût préoccupée le jour prédit pour la crise, — par une défense expresse et fortement motivée, son mari l'eût empêché de se produire. — J'ai rencontré plusieurs fois des somnambules qui m'ont prédit aussi des crises ; c'est une manie qui est très-commune chez elles : je les ai toujours traitées comme des hallucinations ; et, ce qu'il y a de remarquable, c'est que je les ai toujours, par ce moyen, empêchées de se produire. Le docteur Bertrand compte, dans son journal, plus de quatre-vingts prédictions de ce genre, et presque toutes portent sur des accès convulsifs, ce qui est loin de m'étonner, puisque c'est un phénomène nerveux très-facile à produire et le plus commun de tous. Tous les magnétiseurs en rapportent de nombreux exemples ; mais ce qui donnera une grande valeur à la théorie que je développe, c'est que le docteur Bertrand est arrivé à la même conclusion que moi, relativement aux moyens d'empêcher ces crises de se produire. « Je ne veux pas, disait-il à l'une de ses malades qui avait prédit sa mort, je ne veux pas qu'il vous arrive rien de mal. » — Et le mal n'est pas arrivé. — « Ces sortes de témérités, ajoute-t-il en finissant, réussissent presque toujours chez les somnambules. » — Je ne considère pas ces différences comme une témérité, mais bien comme la règle invariable de conduite de tout magnétiseur qui cherche la vérité et non les faits qui peuvent le rendre intéressant.

Je pose donc en principe général que ce genre de dévination n'a pas d'autre valeur que l'hallucination dans son principe ; mais qu'il dépend du caractère du magnétiseur de la transformer en réalité, en ce qui touche la production d'une crise, une perturbation nerveuse, sans qu'il lui soit permis d'aller au-delà. Aussi, voyez-vous que, lors même que les somnambules prédisent leur mort, la mort n'arrive pas, parce que très-heureusement l'influence nerveuse que le magnétiseur peut exercer sur la somnambule a des bornes qu'elle ne peut franchir. — Vous pouvez bien transmettre le trouble qui règne dans votre esprit à la femme qui est sous votre dépendance, mais la perturbation qui en résulte ne va pas jusqu'à la mort.

Je ne crains pas d'ajouter que si, dans un but d'expérimentation, on laisse se développer une de ces crises prédites, on pourra la calmer comme on a pu la laisser naître, comme l'on peut la faire prolonger. — Si Madame Teste, à sa dernière crise, n'eût pas eu à côté d'elle un praticien impassible et croyant, le docteur Frappart qui, au milieu de son agonie, lisait tranquillement son journal, — je ne sais pas ce qui serait arrivé, en raison de l'état d'anxiété où se trouvait son mari ; la crise aurait inévitablement continué. Et, pour dernière conséquence, si M.

Teste n'eût pas été si fatalement croyant, il se serait évité de terribles angoisses. —

Il faut donc se garder de prendre l'ombre pour la réalité. — De ce qu'un somnambule parle de médicaments, qu'il se fait des prescriptions, il n'en faut pas conclure qu'il jouit d'un don particulier qui le met en rapport direct avec ce qui convient à sa santé. Il ne sait rien que ce qui existe dans son esprit, ou ce qui procède du vôtre. — De ce qu'il indique d'avance le jour et l'heure d'une crise, il ne faut pas en conclure qu'il jouit du don de prévision, et que la crise doit arriver ;— car il dépend de vous de l'empêcher de se produire. — De ce qu'il n'éprouve aucun mal des remèdes singuliers qu'il s'ordonne, il ne faut pas en conclure qu'il sait mieux que vous, médecin, les choses qui lui conviennent, car il dépend de vous de les rendre dangereuses.

Le somnambule, en un mot, n'est presque rien par lui, il est tout par vous. — C'est votre chose, le miroir où votre pensée se réfléchit, et qu'il traduit dans la forme qui convient à son organisation et à l'état de ses connaissances. Tout ce qui ne procède pas directement ou comme conséquence des notions que vous avez l'un et l'autre rentre dans le cercle des choses dites au hasard, ou des hallucinations. — Mais les faits futurs prédits dans une hallucination peuvent se réaliser si, dans votre esprit de magnétiseur, le somnambule peut lire l'instant où vous attendez la crise.

A part le bien que peut produire la magnétisation directe dans quelques circonstances données, comme les affections nerveuses, les crises douloureuses, certaines maladies aiguës ou chroniques, où le système nerveux joue un rôle exagéré, nous n'avons rien à attendre, ou presque rien du somnambulisme, au point de vue de l'utilité et de la pratique. — Mais si vous vous y abandonnez sans réserve médicale, je vous promets de sérieux dangers et de curieuses déceptions. — Déception pour vous, qui allez consulter la somnambule, parce qu'elle ne peut rien vous dire que vous ne sachiez parfaitement. — Vous êtes séduit, parce qu'elle tombe juste, elle ne fait que traduire votre pensée, — elle ne vous donnera jamais rien en dehors de ses connaissances, de celles de son magnétiseur ou des vôtres. —

Que vous importe qu'elle vous dise : — Monsieur ou Madame souffre dans tel endroit !... — Monsieur est préoccupé de telle ou telle idée. — La chambre de Madame est comme ceci, comme cela. — Vous le savez tout aussi bien qu'elle, — et avant elle.— Au point de vue phénoménal, c'est une scène très-intéressante ; — mais si vous l'envisagez sous le rapport du profit que vous pouvez en retirer, il ne reste rien absolument. — Rien, et pourquoi? — Parce que toujours la somnambule est une femme ignorante; et, fût-elle la femme la plus savante du monde, parce qu'elle ne peut rien créer, et qu'elle est obligée de vivre dans le cercle des idées vulgaires, parce que son magnétiseur ne peut lui transmettre, comme vous, que ce qu'il sait et connaît. — En dehors de ces trois sources de connaissances positives, n'espérez rien de vrai que par une simple coïncidence, à moins que les faits que l'on vous prédit n'existent déjà, réalisés dans votre esprit par voie de déduction.

Il n'y a donc, de tout cela, qu'un fait positif, un seul fait, mais qui est capital, c'est la transmission de la pensée, avec toutes ses nuances intentionnelles, et, par suite de cette transmission, soumission presque absolue de la volonté du somnambule à la vôtre, et production, dans son physique et son moral, de toute la perturbation qu'il plaît à votre volonté de lui faire subir.

Comment voulez-vous que nous admettions cela, me dit-on? Je n'ai pas la prétention de vous convaincre. Je n'écris pas pour démontrer l'existence du Magnétisme. Je fais son histoire philosophique; si vous n'avez pas les notions nécessaires pour me suivre dans mes démonstrations, les sources abondent où vous les trouverez. — La nature tient pour vous aussi bien que pour moi son livre tout ouvert; il ne faut que la patience et la volonté pour y lire ses secrets. J'écris surtout pour les personnes qui ont vu souvent, bien vu, qui sont convaincues de l'existence des phénomènes, et qui ont cherché à s'en rendre compte sans pouvoir y arriver; j'écris, en un mot, pour expliquer et non pour démontrer : ce sont deux faits distincts. Je continuerai à poursuivre ma tâche, sans me préoccuper des critiques peu convenables dans la forme, qui ont été ma première récompense.

Nous arrivons à une question qui offre un haut intérêt, et que je traiterai avec la même indépendance que j'ai conservée jusqu'à présent. Je veux parler du don des langues, dans ses rapports avec une croyance religieuse que je respecte , celle des possessions démoniaques.

On a donné, comme caractère fondamental de ces possessions, l'existence, chez le possédé, du don des langues, c'est-à-dire la faculté de comprendre ce qu'on lui dit dans une langue étrangère, qu'il ne connaît pas, ou de répondre par des expressions appartenant à une langue dont il n'a aucune connaissance. Je préviens, une fois pour toutes, que je respecte tous les dogmes, et que les explications que je vais donner ne s'appliquent qu'aux faits magnétiques purs et aux exemples de quelques possessions récentes qui me paraissent susceptibles de recevoir une explication beaucoup plus simple et plus naturelle que celles qu'on en a données.

On se souvient que le fond de ma théorie repose sur la transmission des pensées du magnétiseur au sujet magnétisé, par le fait seul de sa volonté, et lorsqu'il a produit dans son système nerveux une modification particulière, qui rend possible cette transmission. Eh bien ! théoriquement, qu'importe le son produit par la voix, qu'importe la langue dont on se sert, si la pensée du magnétiseur est tout, si son intention est le fait capital ; qu'importe la langue à laquelle il emprunte ses expressions, — qu'il parle grec, latin, anglais, français ou allemand, il sait ce qu'il dit ; le somnambule n'entend pas son expression, il lit dans sa pensée et doit comprendre comme si l'on parlait dans sa langue naturelle. — Ce que la théorie indique, le fait vient le confirmer. — J'ai adressé plusieurs fois des questions dans une langue tout-à-fait inconnue au somnambule ; au premier abord, il n'a pas compris, et m'a demandé ce que je voulais dire. Mais, en persistant dans ma volonté, il n'a pas tardé à me répondre, sans que j'aie répété ma question. — Ce qui la confirme encore, c'est qu'en adressant une question, dans une langue qui m'est inconnue, et par des expressions dont je ne connais pas le sens, je n'ai jamais pu obtenir de réponse, pas plus que tous les autres magnétiseurs. — Quant à la faculté acquise par le somnambule de parler une langue étrangère, — cette faculté n'existe pas, ce ne sont jamais que des réminiscences. Je considère donc comme une grave erreur, de croire que, par cela seul qu'une crisiaque comprend une langue étrangère dans le cours d'un accès, ou qu'elle répond à une interrogation par la seule pensée, elle est en proie à une possession démoniaque.

J'ai sous la main une petite brochure, intitulée : *Discernement des Esprits*, ou *Relation d'une possession du Démon*, à Saint-Laurent-du-Pape (Ardèche), par le P. H. Tissot, — dans laquelle il me paraît évident que cet homme vénérable est tombé dans l'erreur que je combats.

Jeannette Demouze, qui fait le sujet de cette possession, est une fille hystérique, dont les crises revêtent le caractère convulsif. — Ses forces alors sont prodigieusement augmentées ; elle comprend toutes les questions qu'on lui adresse mentalement : elle crie d'une manière toute particulière. On lui ordonne *mentalement* de donner quelques signes de possession, à la portée de tous les gens du peuple qui se trouvent présents, et la pauvre fille ne trouve rien de mieux que de contracter horriblement son visage. — Elle se livre à une foule d'extravagances, parce qu'elle se persuade, sous l'inspiration de la personne qui la dirige, qu'elle agit par l'impulsion du diable. — Mais je ferai observer que si, dès la première crise, elle avait eu près d'elle un homme qui la traitât simplement comme une malade, tout se serait calmé, comme par enchantement ; il eût suffi de lui ordonner verbalement ou mentalement, qu'importe, de se taire, de cesser de s'agiter, et de cesser de croire aux obsessions, — et je suis intimement convaincu qu'elle eût obéi presqu'à l'instant.

Je me suis trouvé en face de phénomènes tout aussi étranges, — et je les ai fait cesser, — par cela seul que j'ai voulu. — Oui, me répondra-t-on, vous les avez fait cesser, mais c'est *par le maléfice somnifique, par un sortilège excitant le sommeil.* — Non, Messieurs, — je ne suis point sorcier, et je n'exerce pas de maléfice. — J'observe, j'étudie, je profite de mes observations et de mes études pour secourir l'humanité dans toutes les formes de ses souffrances, et pour éclairer, s'il est possible, de mes faibles lumières, cette question obscure de la physiologie. J'ai observé, comme vous, que ma pensée pouvait se transmettre, j'en ai profité immédiatement pour calmer et pour guérir : voilà tout mon secret.

Et vous, sans vous en douter, en voyant votre pensée transmise, vous avez cru à l'intervention du diable ; la crisiaque a lu, dans votre esprit, cette pensée, comme elle avait lu la première, et vous l'avez agitée profondément, parce qu'elle a cru, comme vous le pensiez, que toute sa vie était dominée par un esprit malfaisant, et que le diable résidait en elle. Et cela a duré jusqu'au moment où, guidé par une idée religieuse, vous avez dit : Dieu est plus puissant que le diable, vous avez exorcisé, avec la certitude du succès, et votre croyance lui a rendu le calme. Vous avez donc fait du magnétisme sans le savoir ? Vous avez détruit l'agitation que vous aviez produite, par le même moyen qui avait porté le trouble dans son âme.

Toutes les apparitions fantastiques de M. Cahagnet ne supportent pas d'autre explication ; M. Cahagnet est un esprit imbu des doctrines hermétiques de Swedemborg. Il provoque, par sa volonté, dans l'esprit de ses somnambules, des hallucinations, qui se traduisent par des paroles conformes à sa pensée ; il croit découvrir, par ce moyen, les secrets de la vie future ; il accepte comme une révélation devant laquelle doivent céder toutes les religions, toutes les paroles que lui disent ses somnambules, parce qu'elles procèdent, selon lui, directement d'une transmission divine ; et, dans sa simplicité, il ne se doute pas que tous les grands mystères qu'il nous révèle sont textuellement reproduits du *Prodromus Philosophiæ ratiocinantis* de Swedenborg ; — que la religion qu'il voudrait produire, en généralisant les folies de ses hallucinées, existe déjà de toute pièce, en Angleterre, sous le nom de nouvelle Eglise de Jérusalem. Je n'ai pas le courage de pousser plus loin l'examen de son ouvrage ; c'est une longue énumération d'hallucinations spontanées ou provoquées, dont il donne la plus fausse interprétation qu'un esprit illuminé puisse produire.

Ainsi, pour nous résumer, tout en reconnaissant les phénomènes magnétiques, au point de vue de leur existence, — nous différons des magnétiseurs, dans les points essentiels. — Au lieu de reconnaître un fluide particulier qui produit un hasard, ou, suivant certains procédés, des phénomènes vaguement déterminés ; — au lieu de reconnaître chez les somnambules un instinct qui domine fatalement l'intelligence, nous plaçons en première ligne l'influence intellectuelle du magnétiseur, qui se transmet par la pensée au sujet que l'on magnétise, et établit en quelque sorte une identification parfaite et temporaire entre leurs deux existences. De cette théorie, qui n'est que la déduction rigoureuse des faits, nous faisons découler cette conséquence que tous les phénomènes que l'on attribue à de nouvelles facultés qui naissent chez les somnambules ne sont que le résultat de l'influence transmise par le magnétiseur, — et que celui-ci est responsable des accidents qui peuvent se produire, parce qu'il dépend de lui d'en provoquer ou d'en empêcher la manifestation.

Je ne puis m'empêcher, en terminant, d'ajouter aux preuves déjà fournies en faveur de la théorie de la transmission de la pensée, quelques exemples pris au hasard parmi ceux dont j'ai été témoin, ou que j'ai produits moi-même. — Ils sont d'une nature telle, qu'ils ne peuvent laisser aucune espèce de doute dans ma pensée, pas plus qu'ils n'en laisseront dans l'esprit des hommes impartiaux qui se donneront la peine de les reproduire. Un soir, il y a de cela peu de temps, j'étais auprès d'une dame hystérique, que j'ai magnétisée plusieurs fois : elle était au lit et malade. Son mari et moi, nous étions assis auprès d'elle. — Je l'endormis : lorsqu'elle fut plongée dans un profond sommeil, je demandai à son mari la permission de faire une expérience, — et voici ce qui se passa : — Sans proférer une seule parole, sans faire un geste, je la conduisis mentalement en pleine mer ; tant que je fis durer le calme, elle resta dans un profond repos. Mais bientôt je fis enfler la vague, siffler les vents et la tempête. Alors, elle se mit à pousser des cris effroyables, à se cramponner à tous les objets qu'elle pouvait saisir : l'expression de sa physionomie, de sa voix, de ses larmes, indiquait une frayeur terrible que nous laissâmes persister un instant. — Alors, je ramenai successivement et toujours par la pensée les vagues dans des limites raisonnables : elles cessèrent d'agiter le navire, et, suivant le progrès de leur abaissement, le calme rentra dans son esprit, quoiqu'elle conservât encore une respiration haletante et un tremblement nerveux dans tous ses membres. — Ne me remenez jamais en mer, s'écria-t-elle un instant plus tard avec transport, *j'ai trop peur, et ce misérable de capitaine qui ne voulait pas nous laisser monter sur le pont !* Cette exclamation nous bouleversa d'autant plus, que je n'avais pas prononcé une seule parole qui pût m'indiquer la nature de l'expérience que j'avais l'intention de faire.

Un autre jour, la même dame, qui souffre depuis longtemps, était dans une de ces dispositions d'esprit où la vie semble un supplice, elle se désespérait. Pour ranimer son courage, voici ce que j'imaginai : elle dormait du sommeil magnétique ; pourquoi, lui dis-je mentalement, perdre ainsi l'espérance? vous êtes une femme religieuse, la sainte Vierge viendra à votre secours, vous guérirez, soyez-en bien certaine. Puis, je fis découvrir le toit de sa maison ; dans les angles, je fis grouper des nuages portant des chérubins, et, au milieu, je fis descendre dans un globe de lumière la sainte Vierge, dans toute la splendeur de sa magnificence, telle que mon imagination, mes souvenirs pouvaient se la représenter. Dire l'expression qui vint alors se peindre sur sa physionomie, serait chose tout-à-fait impossible ; ce fut du ravissement, de l'extase. Puis, fléchissant le genou, elle s'écria, dans un transport inouï : Oh ! mon Dieu, depuis si longtemps que je la prie, voilà la première fois qu'elle vient à mon secours ! Je n'avais pas dit un seul mot, je lui tenais la main, mon imagination a fait tout le reste.

Je pourrais citer une foule d'exemples semblables, car il est facile de les varier à volonté ; mais ceux-ci me paraissent plus que suffisants pour démontrer que la théorie du Magnétisme que j'ai indiquée est véritablement l'interprétation fidèle des faits, et la seule qui donne la clef de tous ces prodiges qui nous étonnent et que l'on a tort de nier, parce qu'on n'a pas su les produire.

TABLE DES MATIÈRES.

FIN DE LA TABLE DES MATIÈRES.

ERRATA.

Page 23, ligne 10, au lieu d'*Esquiros*, lisez : *Esquirol.*

Page 29, ligne 15, au lieu de *Gruppard*, lisez : *Frappart.*

Page 39, ligne 9, après *arrive à cette conclusion*, ajoutez : *Si vous employez les remèdes prescrits par les somnambules, vous guérirez rarement.*

Page 47, ligne 17, au lieu de *différences*, lisez : *défenses.*

www.ingramcontent.com/pod-product-compliance
Ingram Content Group UK Ltd.
Pitfield, Milton Keynes, MK11 3LW, UK
UKHW020415230726
13925UKWH00004B/1436